ても，1頭余るが，7頭ずつ数えると，数え切れる」と答えた。羊は何頭いるか。(答はp.195)

3 飾りのテープを巻く

4 長い長いターバン

（ここで洋服に着替えて）

6 前中央にヒダや形をつけながら巻く

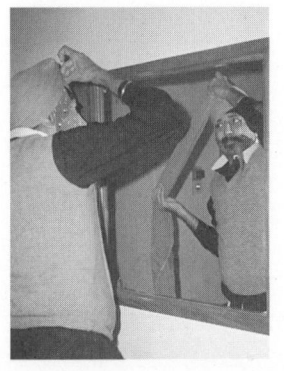

5 ヒゲを布でおさえたあとターバンを巻く

「0の発見」と「文章題」の国，インド

タージ・マハールで数学しよう

仲田紀夫

黎明書房

この本を読まれる方へ

　"インド"というと，あなたは何を思い浮べますか？
　仏教，ターバン，カレー，象，…………
というところでしょうか。
　ところが実際にインドに行ってみると予想は大きく外れます。
　仏教徒は全人口の1％，ターバンを巻くシーク教徒もわずか2％で滅多に会えず，いずれもインドを代表するとはいえません。夢見た本場のカレーも，日本のライスカレーから想像したら期待はずれ。象もジャイプールの"象のタクシー"で見ただけでした。
　本書に関する数学の面でも同じです。
　現在，ほとんど全世界で用いられている『算用数字』は，その誕生地の名を付けて『インド数字』とも呼ばれますが，後に示すように初期のインド数字と算用数字とは似ても似つきません。
　このようなことから，私は現在もっているインドのイメージをいったん捨て，歴史をひもときながら0から出発しようと考えました。あなたもそれに付き合ってください。
　ではまず，"インド"という名称から考えてみましょう。
　4大文化発祥の地の1つである古代インダス河が，シンドウ河(大きな河)と呼ばれていたところから，ペルシアではヒンズド，ギリシアではインディア，中国では天竺といいました。
　インド5000年の変遷史は，本書の後ろの見返しにまとめてありますから，ときどきそれを見ながら読み進んでください。

数学の世界では「インド記数法なくして近世数学なく，また近代科学なし」といわれているように"0の発見"，それによる"位取り記数法"という人類最大の偉業を成しとげただけでなく，ヨーロッパでは，楽しく，ユーモラスでとんちのある文章題を『インドの問題』と尊敬をこめて呼んでいるぐらいで，インドの数学は，数学の発展に大きな役割を演じてきました。

　世界に誇る江戸時代の数学"和算"もその基礎は中国経由のインド数学が多く，また，七福神をはじめ，四天王，仁王，不動明王，如来，帝釈天などはみなインドの神様からです。桃太郎の話もインドの物語をもとにし，「だんな」「ばか」などの語も，サンスクリット語からできたものです。

　われわれが中国文化と思っているものの中には，中国経由のインド文化であるものが結構多いようです。

　インドでは，インド変遷史からわかるように，他民族の侵略などで頻繁に王朝が移り変り，そのため多様な人種，宗教，習慣，言葉そして文化があり，日本のように単純ではありません。

　そこで少し深入りすると混乱してしまいますので，この部分については，数学を勉強するのに必要な範囲にとどめることにします。私は，1986年インドをターバン姿（見返し）のガイドと個人旅行をし，本書にその時の旅行写真をたくさんのせましたので，一緒に旅行している気分で楽しく読んでください。

　本書のもとになった本を1987年発刊後，朝日新聞に「日本のアシモフここにあり」と紹介され，TBS「金八先生」（1996年3月14日）で放映され，大好評を博しました。

　今回，少し手を加え新装版を出すことにしました。

2006年8月　　　　　　　　　　　　　　　　　　　著　者

この本の読み方について

　現代の数学界では，その領域は十指を超えますが，5000年の歴史の間，延々と数学の大黒柱を維持し続けた内容は"代数"と"幾何"です。

　そして"代数"を代表する国はインド，"幾何"を代表する国はギリシアであることはよく知っているでしょう。

　幾何については既に『ピラミッドで数学しよう』（黎明書房）でまとめてあり，今回はそれの対として代数中心にまとめました。

　インド数学の特徴は次の各点です。

(1) 天文学者が数学者を兼ねていたので，天文観測のために三角法(三角比)が発達した。

(2) 大きな数，小さな数の呼び名のほか，"0の発見"によって位取り記数法を創り，また負の数を誕生させた。

(3) 韻をふんだ詩文による文章題が多く，いろいろなタイプの文章題を作り出した。これがヨーロッパに『インドの問題』として大きな影響を与えた。

(4) 計算法の工夫，改善が大きく進められ，計算の基礎が固められた。

　本書では，これらを重点的に整理してまとめてありますので，そのつもりで読んでください。また，計算も文章題も字を目で追うだけでは力がつきません。紙とエンピツを用意して考えたり，解いたりしてください。

目　次

　　　この本を読まれる方へ ……… 1
　　　この本の読み方について …… 3
　　　各章に登場する数学の内容 … 8

1　数学の中の美 …………… 9
　　1　『タージ・マハール』の美 ………… 9
　　2　図形の美 ………………………… 17
　　3　数式の美 ………………………… 20
　　4　論理の美 ………………………… 23
　　∮　できるかな？ …………………… 29

2　数の呼び名と"数" ………… 30
　　1　大きな数の呼び名 ……………… 30
　　2　小さな数の呼び名 ……………… 33
　　3　端下兄弟「小数と分数」 ………… 38
　　4　n 進法の考え ………………… 44
　　∮　できるかな？ …………………… 46

3　0の発見 ……… 47

1　三神，三世，三界の思想 ……… 47
2　数の対称性 ……… 49
3　いろいろな0 ……… 51
4　インド数字と記数法 ……… 57
∫　できるかな？ ……… 60

4　インドの数学者たち ……… 61

1　インドの歴史 ……… 61
2　インドの数学 ……… 65
3　インドの数学者たち ……… 68
4　有名な数学書 ……… 70
∫　できるかな？ ……… 78

5　天文学と数学 ……… 79

1　天文台 ……… 79
2　三角法 ……… 82
3　球面幾何 ……… 90
4　"証明"のない図形 ……… 93
∫　できるかな？ ……… 95

❻ "インドの問題"という文章題 …………… 96

1 大きな答の問題 ………………………… 96
2 楽しい文章題 ………………………… 103
3 ふしぎな結果の問題 ………………… 108
4 詩文の文章題 ………………………… 113
∮ できるかな？ ………………………… 118

❼ インドの計算と教科書 …………… 119

1 インドの計算の特徴 ………………… 119
2 逆算，仮定法，三量法 ……………… 124
3 インドの算数教科書 ………………… 130
4 インドの数学教科書 ………………… 138
∮ できるかな？ ………………………… 144

❽ アラビアへバトンタッチ …………… 145

1 右手にコーラン，左手に剣 ………… 145
2 古くて新しいアルゴリズム ………… 149
3 「代数」の開祖 ……………………… 154
4 埋れた「幾何」の再生 ……………… 157
∮ できるかな？ ………………………… 162

目　次

❾　そしてヨーロッパへ ………………………… 163
　　1　"数学"の運び屋 ……………………………… 163
　　2　数学は"科学の道具" ………………………… 168
　　3　"数学の世紀"というもの …………………… 172
　　4　数学とは何か？ ……………………………… 178
　　∫　できるかな？ ………………………………… 180

　　　∫　"できるかな？"などの解答 …… 181

　　　（付）　三角比表 ……………………… 196

　　　　　　　　　　　　イラスト：三浦　均

各章に登場する数学の内容

章　名	おもな数学の内容	
	中学校の内容	ややレベルの高い内容，他
1　数学の中の美	○対称な図形 ○相似と平方根 ○おもしろい計算 ○論理	○美しさの種類 ○黄金比 ○連分数，π
2　数の呼び名と"数"	○大きな数，小さな数の呼び名 ○分数と小数	○数学文化圏 ○n進法
3　0の発見	○数の対称性 ○0の誕生 ○インドの数字	○0の計算と役割 ○不定，不能 ○無限小としての0
4　インドの数学者たち	○インドの数学内容 ○インド文章題	○不定方程式
5　天文学と数学	○測量の方法 ○図形の証明	○天文学 ○三角法（三角比） ○球面幾何
6　"インドの問題"という文章題	○大きな答の問題 ○楽しい文章題 ○連立方程式 ○ふしぎな結果の文章題 ○三平方の定理	○比と連比 ○級数
7　インドの計算といまの教科書	○倍数の見つけ方 ○九去法 ○逆算と仮定法 ○集合の問題，魔方陣	○無理方程式 ○開平法 ○マトリックス　他
8　アラビアへバトンタッチ	○アルゴリズムの語源 ○互除法	○流れ図
9　そしてヨーロッパへ	○いろいろな数学とその誕生	○"数学の世紀"と新しい数学の特徴

1

数学の中の美

1 『タージ・マハール』の美

「お父さん,夢にまでみた『タージ・マハール』はどうでしたか。」

友里子さんが,はずんだ声で聞きました。

「今度のインド数学探訪旅行は,有名な"0の発見"や"位取り記数法"などの研究が第1だからね,友里子が想像するようなロマンチックなものではなかったんだよ。でもネ,実に美しい建造物だった。まさに"世界一美しい建物"といわれるに価する。」

「最近,テレビや新聞でよく『タージ・マハール』の写真を見るけれど,なんでそんなに話題になっているんですか。」

大学受験の勉強に追われている一郎君は,どうも世間から遅れているようです。

「お兄さん,『タージ・マハール』のことなら私にまかせて！

これにはね,とても悲しくまた美しい物語があるのよ。

5000年間のインドの歴史の中で,大統一をし発展したムガール帝国の第5代シャー・ジャハン帝が, 2万人の名匠を使い,22年の歳月をかけた全大理石の愛の記念碑です。」

「記念碑的な建造物は,世界の文化国ならどこにだってあるじゃあないか。」

「それがねー,シャー・ジャハン帝にはムムターズ妃という相思相愛の妃がいて, 2人の間に14人の子どもができたけれども,

最後のお産のあと，王妃が亡くなってしまいました。大変悲しんだ皇帝は，帝国の財政が傾くほどのお金をかけて愛妃の墓廟を造ったのです。
　そこで，人々からは"『タージ・マハール』の美しさは〈不滅の愛〉を表現するものだ"といわれています。
　この建物は，ヒイオジイサンに当たる第2代フマーユン帝とその妃のお墓である『フマーユン廟』を真似たといわれていますが，純白の大理石でできているだけでなく，広大，荘厳な形と左右対称な美しさで有名なのです。」
　美しい写真（P.12, 13）を見ながら，だまって友里子さんの話を聞いていた一郎君は，やや興奮気味に，
　「昔の帝王というのはずいぶん勝手なことをするんですね。いくら妃を愛していたとはいえ，財政が傾くほど金をかけるなんてふざけているね。」
　お父さんはニコニコしながら，もう一枚の写真を手に持ち，
　「あとで示す（P.11）ように，ムガール帝国は第4代から第6代までが最盛期で，インド全土を統一していたから，実際は『タージ・マハール』の2つや3つを建ててもビクともしなかったと想像されている。だから，一郎が考えるほどのことはなかったが，この皇帝の後半が哀れなんだよ。
　次帝になった3男の第6代アウランゼーブ帝は大変な賢帝で，父の散財をいさめる目的で父をアグラ城の八角殿（別名ジャスミンの塔）に幽閉し，手腕をふるって黄金時代を築きあげたのさ。
　幽閉された八角殿からは，何が見えたと思うかい？」

フマーユン廟（デリー）

1　数学の中の美

――― **ムガール帝国の紹介** ―――

インド大陸においては，アーリア人によるマウルヤ王朝（紀元前）崩壊以後，1700年を経て大統一を果した帝国である。

"ムガール"とは，モンゴルのなまりで，ティムール(14世紀)の子孫バーブルがウズベク族に圧迫されて南下し，インドに移って創設したインド史上最大のイスラム王朝であり，デリー，アグラを首都として17代，332年も続いた。

社会，文化，制度は，イスラム・インド両文化が交流，融合し，ことにムガール美術は建築と絵画にすぐれ，インド美術史の上で注目される。

次にムガール帝国の創設から黄金時代までの歴代帝王について簡単に述べよう。

　1526年　初代　バーブル帝　デリーに王朝を創設する。
　　　　　2代　フマーユン帝　アンベル城を造る。帝と妃の
　　　　　　　　　　　　　　墓である「フマーユン廟」。
　　　　　3代　アクバル帝　ファティプール・シクリを造る。
　　　　　　　　　　　　　廃都にする。(「インドのポンペ
　　　　　　　　　　　　　イ」といわれた都)
　　　　　　　　　　　　　後アグラ城を造る。名君。
　　　　⎧4代　ジャハン・ギール帝
　　　　⎜5代　シャー・ジャハン帝　デリー城を造る。愛妃
最盛期⎨　　　　　　　　　　　　　の墓『**タージ・マハー**
　　　　⎜　　　　　　　　　　　　**ル**』を造った後，3男に
　　　　⎜　　　　　　　　　　　　アグラ城に幽閉された。
　　　　⎩6代　アウランゼーブ帝　ムガール帝国の黄金時代
　　　　　：　（以後衰退）　　　を築く。
　　　　17代まで続く。
　1858年　ヒンドゥ教，シーク教の勢力が伸び，後に英国に合併。

美しい対称形だけでなく，見事な遠近法的美でもある

「何が見えたか，といえば『タージ・マハール』でしょう。」
「アウランゼーブ帝というのは，賢帝だし，父を幽閉しながらも親孝行なところもあり，愛妃の墓廟が見えるところを余生の場としたと思うナ。」
2人とも同じ意見でした。
「下の写真が，アグラ城の八角殿から撮ったものだよ。
薄暮にかすむ『タージ・マハール』はどうだい。
ここで写真をうつしながら，お父さんの心はいつのまにか，シャー・ジャハン帝の心になっていたよ。
愛妃との楽しい毎日を思い出しながら，いまは語り合うことのない寂しさを墓廟を見てなぐさめ，ここで終身を過した想いは……なんともいえない悲しさのものだったろう。」
「お兄さん！　うちのお父さんも愛妻家だから，すごいお墓を作るでしょうが，変なところに幽閉しないようにしてね。」
「なにいっているんだよ。ぼくはそんな親不孝ではないよ。
それにしてもずいぶんかわいそうなお話ですね。」
「話はまだ続くんだよ。シャー・ジャハン帝にはもう1つ大きな夢があったんだ。」

八角殿から見える薄暮のタージ・マハール

1 数学の中の美

「この皇帝はデリー城も造った人でしょう。ずいぶん大きな仕事をすることが好きな人なんですね。」

「下の地図を見てごらん。

インド第2の川といわれるジャムナ川を通して,アグラ城から『タージ・マハール』が見えるんだけれど,シャー・ジャハン帝は川と対称な位置(★印)に,今度は黒の大理石を使ったまったく同じ形の,自分の墓廟を造ろうと考えていたという話が伝わっている。

"対称形の建造物を対称な位置に,しかも色も白・黒という対称によって造る"すごい構想だろう。

皇帝は対称(シンメトリー)を美の極地と考えていたにちがいないね。」

2人は黙って地図を見ていましたが,

「もし,川を隔てて白と黒の建物ができていたら,この世のものと思えない美しさだろうな。」

「あたしも,一日も早く『タージ・マハール』を見に行きたいわ。

写真だけではものたりないナ。アグラ城も,城壁が赤砂岩でできていることからレッド・フォートと呼ばれる美しい城でしょう。」

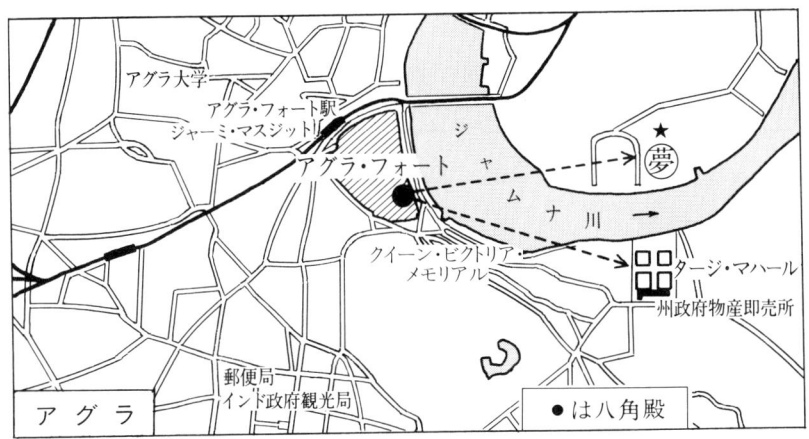

「ここでそろそろ，数学の話に入ろうかね。

『数学』というと，すぐ計算とか方程式などを考え，数学の大きな特徴である"美しさを追求する学問"という重要な面を忘れがちだね。数学は美学でもあるんだよ。

ところで，一般に美しさの種類には7つあるが，2人は知っているかい？」

「まず，第1はこの"対称"でしょう。あとハーモニーとか……。お兄さん，どう？」

ピアノの好きな一郎君が口を開きました。

「リズムとかリピート，バランスなんか……。どうですか。」

「音楽や絵画は美の追求だけれど，ギリシア時代では，7自由科の中の4科を，

　　数論，幾何，
　　音楽，天文，

とした。そして，

　　{ 音楽は動く数
　　 天文は動く図形

と考えていたので，広い数学は，

　　音楽，絵画

の本質も含んでいると思っていいのだ。

美しさの種類
対称（シンメトリー　symmetry）
比率（プロポーション　proportion）
調和（ハーモニー　harmony）
律動（リズム　rhythm）
反復（リピート　repeat）
均衡（バランス　balance）
統一（ユニティー　unity）

さて，この美しさの7つだが，上に示すものをいう。われわれの生活に密着しているものだね。

"数学の美"を上の観点から探してみることにしよう。」

2 図形の美

「まず、図形の美しさから考えてみよう。

筆頭にあげるのは、"対称"だね。これには3種類あったろう。

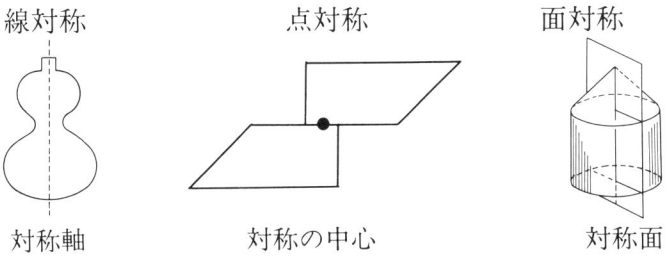

『タージ・マハール』は写真では線対称、建造物としては面対称だね。

では、友里子。何か別の例をあげてごらん。」

「はい。美術の本かなにかで読んだ"黄金比"をとりあげます。これはプロポーション（比率）になるのかな？

最も美しい比ということでした。

写真などうつすとき、地平線の位置を1：0.6 ぐらいのところにとると、美しく安定した画面になるとありました。」

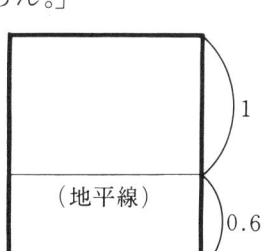

「右の五星形は、古代ギリシアのピタゴラス学派の徽章だったが、ここに友里子のいう黄金比がみられる。

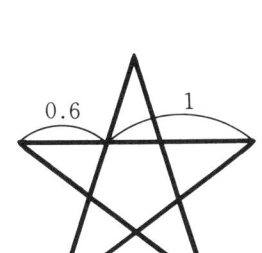

黄金比を最初に発見したのはエウドクソス（B.C. 4 世紀）というギリシアの数学者だが、それ以後の彫刻や建築などに黄金比が使われるようになった。

15世紀のイタリアの数学者パチリオは『神の比例』という本

を書いたが，神の比例とは黄金比のことで，当時ルネサンスの絵画，彫刻，建築に影響を与えたという。

　次は一郎から例をあげてもらおう。」

「ぼくも比率,いや調和,ハーモニーかな。有名なアルキメデスのお墓をとりあげます。

　円柱にスッポリ入る球があるとき，円柱と球との表面積，および体積の比は，ともに３：２という美しい比です。

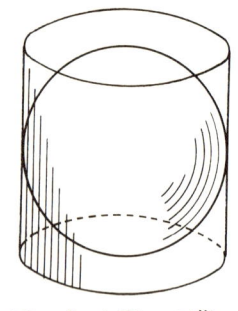

アルキメデスの墓

　アルキメデスがこれを発見し，その感激のあまり，自分のお墓にして欲しいと遺言したそうです。」

「まさに"みごと！"という関係だね。

　この図形に，底面積，高さが等しい円錐を入れると，なんと，右のようなスッキリした体積比があることを発見する。

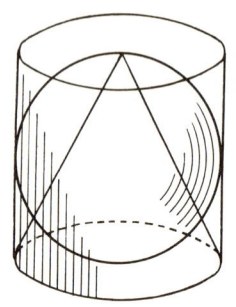

円柱：球：円錐
３：２：１

　これなんかも"神の比例"といえるね。」

「お父さん，教科書の紙の大きさは，ふつうは，Ａ５判で，紙の仕上り寸法というのは相似形になっている，と聞いたことがありますが，そうですか？」

「いいことに気がついたね。大きな紙を切断していくとき，無駄が出ないように考え出した"人間の比例"（シルバー比）ともいうべきものだよ。

　Ａ判を例にすると右のような長さでできているが，いつも長

列番号	単位(mm)
Ａ０	841×1189
Ａ１	594× 841
Ａ２	420× 594
Ａ３	297× 420
Ａ４	210× 297
Ａ５	148× 210
……	………………

1　数学の中の美

い方の辺を半截すると，面積が$\frac{1}{2}$の相似形ができるようにするには，縦横の比がどうなっていればいいだろうか。

ひとつ計算してごらん。」

「最初考え出した人は頭がいいナー。ぼく電卓で計算してみます。

1189÷841＝1.4137931…

841÷594＝1.4158249…

594÷420＝1.4142857…

420÷297＝1.4141414…

大体 1.414位です。

アッ！　わかった。"いよいよ兄さん"で$\sqrt{2}$だ。つまり，横：縦＝1：$\sqrt{2}$　という長方形なんですね。$\sqrt{2}$という数が，思わぬところで活躍してくれた。」

「ねえお兄さん，$\sqrt{2}$というのは何なの？」

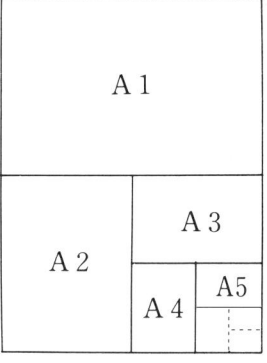

Ａ０判

すべて相似形

「1辺の長さが1の正方形の，対角線の長さで『ルート2』と読むのさ。これは約1.4の長さなんだ。」

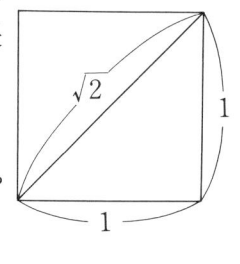

「$x^2＝2$ から得られる正の数で，わかりやすい例を出すと $\sqrt{4}＝2$，$\sqrt{9}＝3$，$\sqrt{16}＝4$ ……という数だよ。

ついでに，ルートの数（数の平方根）を作り出す図を示そう。

美の基準でいうと"リズム"ということにしようか。

全体がおうむ貝や巻き貝のような自然美を感じるだろう。」

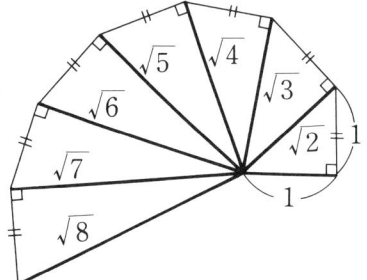

19

3　数式の美

「次に，数式の美の例を考えてみようか。」

「図形ならわかるけれど，数式や計算に"美"なんかあるんですか？」

友里子さんは，ケゲンな顔をして質問しました。

「小学生にもわかるやさしい例をあげるとね，九九の9の段とか循環小数の中に美しさを発見するよ。

ユニティー（統一）

$9 \times 1 = 9$
$9 \times 2 = 18$
$9 \times 3 = 27$
$9 \times 4 = 36$
$9 \times 5 = 45$
……
$9 \times 9 = 81$

答の数字の和は，すべて9になっている

リピート（反復）

$\dfrac{4}{7} = 0.\overline{571428}571428\cdots\cdots$

```
      0.5 7 1
  7 ) 4 0
      3 5
        5 0
        4 9
          1 0
          ……
```

「ああ，そういう意味ですか。では私の考えた例を出します。

平安時代の六歌仙の1人である絶世の美女，"小野小町"。私が似ているといわれるのですが——。」

「何を得意になっているんだよ，早くいえよ！」

「ハイ，ハイ。数式の美しさからその名をとった『小町算』を紹介しましょう。

もう江戸時代に作られていたもので，1～9までの数字の並びをそのままとし，その間に＋，－を入れて計算の結果が丁度100になるようにする数学パズルです。たとえば，

$1 + 2 + 3 - 4 + 5 + 6 + 78 + 9 = 100$

$12 - 3 - 4 + 5 - 6 + 7 + 89 = 100$

1　数学の中の美

$$123-4-5-6-7+8-9=100$$

ですが，どうですか。

これはバランス（均衡）といったらいいのかな？」

「そうだね。計算の美しさというのもあるね。

右のような計算もいいだろう。

$$0\times 0+0\times 1=0$$
$$1\times 9+1\times 2=11$$
$$12\times 18+2\times 3=222$$
$$123\times 27+3\times 4=3333$$
$$1234\times 36+4\times 5=44444$$
$$\cdots\cdots\cdots\cdots\cdots\cdots\cdots$$
$$\cdots\cdots\cdots\cdots\cdots\cdots\cdots$$
$$123456789\times 81+9\times 10=9999999999$$

このタイプのものはたくさんあるので，あとで探してごらん。

形式の統一の美といっていいだろうね。」

「ぼくこの前読んだ本の中で見た"連分数"を思い出した。次のような数式でした。

(1)
$$1+\cfrac{1}{1+\cfrac{1}{1+\cfrac{1}{1+\cfrac{1}{1+\cfrac{1}{1+\cdots\cdots}}}}}$$

(2)
$$1+\cfrac{1}{2+\cfrac{1}{2+\cfrac{1}{2+\cfrac{1}{2+\cfrac{1}{2+\cdots\cdots}}}}}$$

(1)は約 1.625 で，この値は"黄金比"なんですね。

$1.6:1 \fallingdotseq 1:0.6$ でしょう。また (2) は約 1.4142 で，これは "$\sqrt{2}$" です。

この両方とも，図形の美のところで登場した数ですけれど，上の数式のようなきれいな関係式で示せることに，再び数学の美を感じました。」（『ピサの斜塔で数学しよう』P.125 参照）

「おもしろいのをおぼえていたね。分数というものも捨て難いところがあって，たとえば円周率(π)は循環しない無限小数という得体の知れない数なのだけれど，近似値は，きれいな分数の数式で表されるんだよ。タイプを3つ示すことにしよう。あまりにうまくできていてふしぎさを感じるね。

$$\frac{\pi}{4} = \frac{1}{1} - \frac{1}{3} + \frac{1}{5} - \frac{1}{7} + \frac{1}{9} - \frac{1}{11} + \cdots\cdots$$ ドイツ ライプニッツ（17世紀）

$$\frac{\pi}{2} = \frac{2\cdot2\cdot4\cdot4\cdot6\cdot6\cdot8\cdot8\cdot\cdots\cdots}{1\cdot1\cdot3\cdot3\cdot5\cdot5\cdot7\cdot7\cdot\cdots\cdots}$$ イギリス ウオリス（17世紀）

$$\frac{\pi^2}{6} = \frac{1}{1^2} + \frac{1}{2^2} + \frac{1}{3^2} + \frac{1}{4^2} + \cdots\cdots$$ スイス オイラー（18世紀）

思わず"神は計算をし給う"といいたくなるね。」

古代ギリシアのプラトン（B.C.4世紀）は正多面体の研究者として有名ですが，図形があまりにうまく構成されていることから"神は幾何学し給う"という言葉を述べています。

お父さんは，その真似をしたわけですね。

一郎君はグラフを見せながら，

「サインカーブ $y = \sin x$ は美しい曲線でしょう。

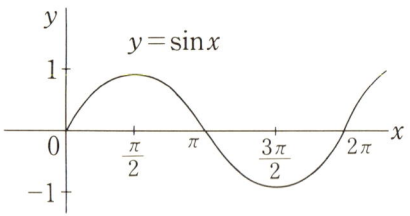

リズムとリピートの美しさを感じる代表だと思います。」

右の二項分布実験器では，パチンコのように平均に打たれた釘に，$\frac{1}{2}$ の確率で左右に分かれた玉が，きれいな釣鐘型の分布を作ります。

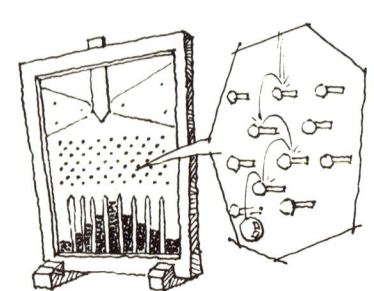

4　論理の美

「図形や数式の中に，いろいろなタイプの美しさを探してきたが，数学の真髄というか背骨というか，それは"論理"だね。そこで，論理の中にある美しさを考えてみよう。

前に述べた古代ギリシア教育の重点 7 自由科（P.16参考）の中味は，3学4科で，3学とは文法，修辞，論理（弁証法）の3つだ。

文法は，正確な表現を学ぶもの

修辞は，美しい言葉遣いを学ぶもの

論理は，正しく筋道の通った論述を学ぶもの

として，民主主義における相手の説得術の勉強の基本だったんだよ。

ギリシアの数学者，哲学者のプラトンが，自分の学校の入口に，『幾何学を知らざるものはこの門に入るを禁ず』という立札を立てたという話は有名だが，当時の幾何学は論理学入門だったようで，哲学を学ぶのに基礎の論理が理解されていない者は，この学校に来てもだめだ，という意味だったのだろう。

プラトンは，幾何における証明法の基礎，形式を完成したんだ。」

「数学での証明などの論理の勉強が，民主主義教育になっているというわけですか。

あたしは，ベン図も1つのユニティー（統一）としての美ではないかと思うんですがどうでしょうか？」

「友里子はなかなかおもしろいことに気がついたね。

たとえば四角形のいろいろな種類のものを，ある観点から統一し

ていくのは，"論理の美"といえるだろう。」

「お父さん，ちょっと質問ですが，このベン図と似ているものにオイラー図というのがあるでしょう。

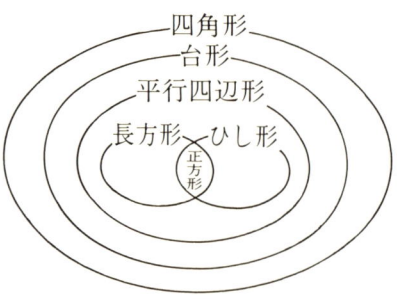

どうちがうのですか？」

あなたは，ベン図とオイラー図のちがいを知っていますか。ここでお父さんの説明を聞いてみましょう。

「オイラー図というのは，18世紀の数学者オイラーが『論理学』上での図表現として用いたものだ。

たとえば，

"人間は2本足で歩く動物である"

といえば，これを右のような図で示した。

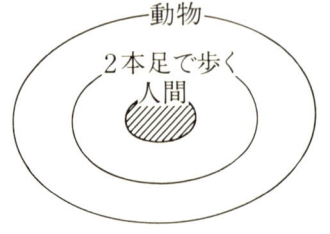

さて，20世紀になって『集合論』という新しい数学が創案されたが，この内容の説明にオイラー図の考えを用いて図表現したのが20世紀の数学者ベンで，通称ベン図というのさ。

一口で区別すると，論理関係がオイラー図，集合関係がベン図ということになる。いずれにしてもユニティー（統一）の美といえるだろう。」

一郎君が急に気づいたようにして口を開きました。

「"風が吹けば桶屋がもうかる"っていう諺があるでしょう。とてもリズム的な論理ですね。」

「友里子は知っているかい，その筋道を。」

「エエ，多分。ではいってみます。

(1)　風が吹く
(2)　塵が立ち，それが目に入る
(3)　目を病む人が出る
(4)　この人たちが三味線ひきになる
(5)　三味線を作るため，猫の皮が必要になる
(6)　猫が殺されて減る
(7)　そのために鼠がふえる
(8)　たくさんの鼠が桶をかじる
(9)　人々から桶の注文がます
(10)　そのために桶屋がもうかる

予期しないところに影響が及ぶ，という話でしょう。」
「よくいえたね。これは有名な三段論法の積み重ねになっているんだが，ここで推論の基本形と共に示してみよう。」

　　推論の基本形　　　　　　　三段論法

雨の日は遠足がない　　　　雨の日は遠足がない
雨が降っている　　　　　　遠足がないとき授業がある
ゆえに，遠足はない　　　　ゆえに雨の日は授業がある

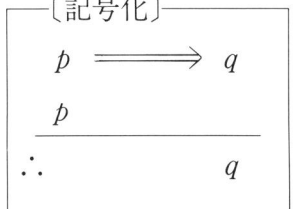
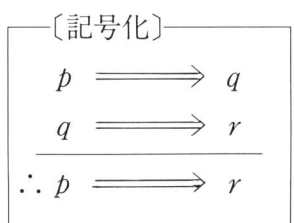

〔注〕　記号⟹は「ならば」を，∴は「ゆえに」を意味する。

「数学でよく使う "$a=b$ かつ $b=c$ のとき $a=c$" というのは三段論法の利用なんですね。三段論法というと難しいようだけれど，数学ではよく使っているわけですね。」

「証明だけでなく，方程式の解法段階も推論で展開しているんですね。ぼく，それぞれの例で示してみます。

<u>三角形の内角の和は2∠R</u>

点CからBAに平行な半直線CEを引くと

∠A＝∠ACE（錯角）
∠B＝∠ECD（同位角）
∠C＝∠BCA（同じ角）

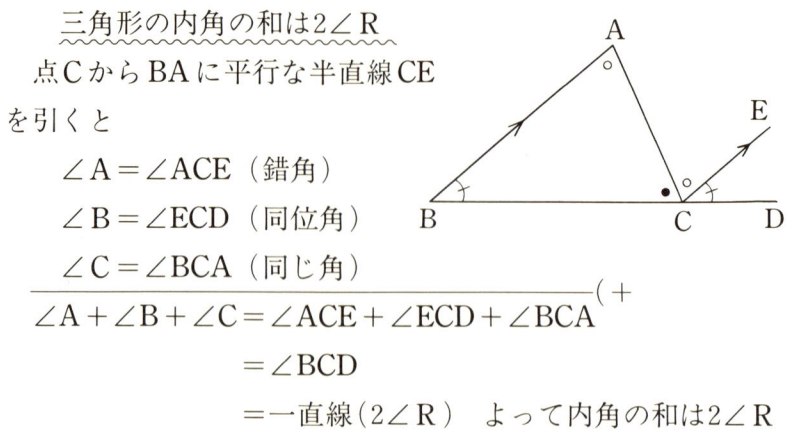

∠A＋∠B＋∠C＝∠ACE＋∠ECD＋∠BCA（＋
　　　　　　　＝∠BCD
　　　　　　　＝一直線（2∠R）　よって内角の和は2∠R

〔注〕　記号∠Rは直角を表す。

<u>方程式 $3x-5=x+3$ を解け</u>

両辺に5を加えて　　　　$3x-5+5=x+3+5$
　　　　　　　　　　　　　$3x=x+8$
両辺から x を引いて　　$3x-x=x+8-x$
　　　　　　　　　　　　　$2x=8$
両辺を2で割って　　　　　$x=4$　　　　　<u>答4</u>

論理展開の途中では，何の疑問もさし挟む余地のない，厳密で美しい展開をしているんですね。

証明をしたり，問題を解いているときは，機械的にやっているけれど，あらためて考えてみると"数学というのはスゴイナー"という感じがします。」

「いつも，という必要はないが，たまには証明したり，答を出すとき，どんな過程を経ているか考えてみることも大切だ。

論理の見事さ，というものを知るいい機会だね。」

1 数学の中の美

「ところでお父さん！これはナーニ。」

友里子さんが、右の写真をとり出していいました。

「これが有名なレッド・フォートつまり、アグラ城の謁見広場だよ。」

「アッ！　わかった。お父さんのレイの三流ダジャレだな。
"アグラ城でアグラをかく"
というんでしょう。」

一郎君がお父さんをひやかしました。

「ダジャレも論理の仲間みたいなものさ。
ところで論理にも反逆児がいてね。いわゆるパラドクスだ。
一見正しいようで誤り、誤りのようで正しいという実に手に負えないものだ。論理や証明が正確に、順調に築かれていったのは、実はこのパラドクスのゆさぶりのお陰で、ものの発展には、多少悪者も必要なんだね。」

「そういう意味のパラドクスの例を出してください。」

友里子さんには、パラドクスと論理とのかかわりがよくわからないようです。

「さっきの三角形や方程式との対比だとわかりやすいから、その2つの例でパラドクスを説明しようね。

<u>三角形の内角の和は2∠R</u>

右のように、内部にADを引き、三角形の内角の和をα（アルファ）とすると、

△ABDで　$a+b+c=\alpha$ ……①

△ADCで　$d+e+f=\alpha$ ……②

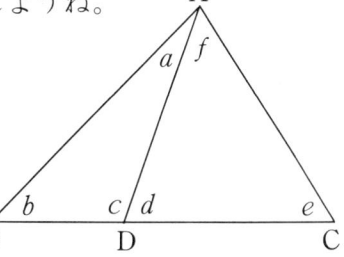

27

①+②より　$a+b+c+d+e+f=2\alpha$ ……③
また，△ABCで　$a+b+e+f=\alpha$　　……④
③－④より　$c+d=\alpha$，一方　$c+d=2\angle R$
　　　よって　$\alpha=2\angle R$　　よって内角の和は$2\angle R$（180°）

<u>方程式　$3x+2=2x+3$ を解け</u>
　まず移項して　$3x-3=2x-2$
両辺をそれぞれ変形して　$3(x-1)=2(x-1)$
両辺を同じ式$(x-1)$で割って　∴　$3=2$
こんなぐあいだね。」
　しばらく考えていた友里子さんが，
「方程式の方はおかしいとわかるけれど，三角形の方は正しいのではないんですか？」
とくびをかしげています。すると一郎君が，
「三角形の方は，内角の和をαとおいたことは"すべての三角形では内角の和が等しい"を前提にしているのが誤り。
　また，方程式の方は実は$x-1=0$（答は$x=1$）なので，両辺を0で割ったことが誤り。
ということでしょう。でも両方とも，もっともらしい。」
「パラドクスの問題点を見抜く力こそ大事だ。理解があいまいだと見破ることはできないんだ。」
「ぼくが友里子に日常問題のパラドクスを出すから，その誤りを見抜いてごらん。
　"周囲30cmの丸太をコロとして大きな石を運ぶとき，コロが1回転すると，石も30cm前に進むだろうか"（答はP.181）

1 　数学の中の美

♪♪♪♪♪できるかな？♪♪♪♪♪

　インドといえば，ターバン，サリーが頭に浮びます。しかし，誰もがターバンを巻き，いつもサリーを着て歩いているというわけではありません。

　たまたま私の現地案内人はシーク教徒だったので，ターバンを巻いていました。

　ターバンを巻くのには，慣れていても30分くらいかかるという大変なものです。（本書の前の見返しにその巻き方を写真で示してあります。）

　このターバンとサリーには，材質はちがいますが共通点があります。それは幅が1mほどで，長さは約5mということです。

　サリーは身につける布ですからこのくらいあってもふしぎはありませんが，ターバンはずいぶんすごい量だと思いませんか。

　さて，ここで質問です。

　右の図のように，円柱に布をピッタリと巻きつけ，これを斜めに切ったとき，もとの布を広げると，この切り口はどんな線になっているでしょうか？

2

数の呼び名と"数"

1　大きな数の呼び名

江戸時代のベストセラー，ロングセラーに『塵劫記(じんこうき)』という和算書があります。これは寺子屋や藩校の教科書，商人の参考書，和算家の入門書として，初版(1627年)以来，改訂版や類書がたくさん出版され，明治の初期までの約250年間，日本人に読み続けられたものです。

日本人が素早く西洋数学を吸収，消化できたのも，この『塵劫記』に負うところが大変大きいといえるでしょう。

お父さんは書庫から『塵劫記』の復刻本をもってきて，上巻の表紙をめくりながら，こんな話をはじめました。

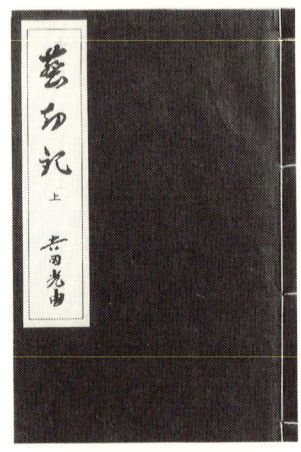
吉田光由著『塵劫記』

『塵劫記』(上)の表紙の裏

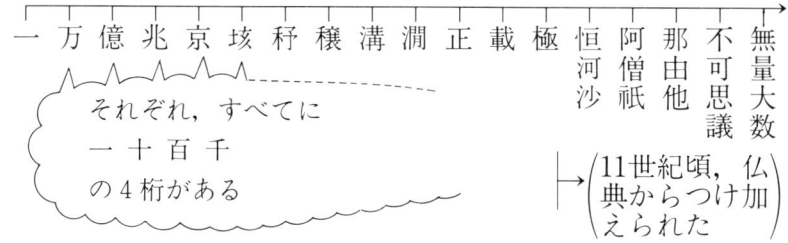

「この『塵劫記』の絵（前ページ右）を見てごらん。

椿の葉と花に数詞が書きこんであるね。"目付け字"と呼ばれているものなんだが、庶民の遊びに使ったんだよ。」

友里子さんがすぐ質問しました。

「なんだか、"上り"のある双六のような図に見えるけれど、サイコロで遊んだの？」

「いや、これは2人でやる"数当てゲーム"だよ。1人が頭の中で考えた数を、他方が質問を通して当てる、というものだ。

いまでいう2進法による数当て（P.46参考）なので、考案者はなかなか数学の才がある人だったにちがいない。原型は、遠く室町時代（15世紀）からあった遊びらしいね。」

「この絵の中の恒とか、阿というのは何ですか？」

「上の数直線を見てごらん。これがあとで説明する大きな数の呼び名だが、そこにある、恒は恒河沙、阿は阿僧祇、那は那由他、不は不可思議、無は無量大数の略だよ。」

感心して聞いていた友里子さんは、

「江戸時代は遊び1つでも、まず難しい文字をおぼえなくてはならないから大変なのねー。」

「どんなゲームだったのかナ？」

ゲーム好きの一郎君はしげしげと絵を見ています。

「ところでね，われわれの日常生活で使う億や兆，また最近，国家予算などの大きな金額で顔を見せる京などという大きな数の呼び名(数詞)は，どこで生まれたものと思うかい」

「あたしは，奈良・平安時代頃と思うわ。全国に国学，大学を創った時代だから」

「ぼくは，中国で創られたと思う。この『塵劫記』は中国のなんとかいう名著を参考にして書いた，と聞いたことがあるから……。漢字だから漢の時代じゃあないかな」

2人はそれぞれ一応理由をあげて主張しました。

「お父さんも，初めて『塵劫記』におめにかかったとき，この大きな数の呼び名に大変興味をおぼえたよ。それで一郎のいうように『塵劫記』を書くのに参考にしたといわれている中国明代の名著『算法統宗』を調べてみることにした。

そこでかねてから知りあいの北京師範大学数学系，白尚恕教授に無理をお願いし，この本を手に入れたよ。白教授は中国きっての数学史家で，その後も『算学啓蒙』『九章算術』という名著のコピー版を贈ってくれた。感謝の極みだよ」

「そして『算法統宗』に，この大きな数の呼び名は出ていたのですか？」

一郎君がせかすように質問しました。

「うん，確かにあった(P.37参考)。そこでこの本のさらに，300年前の名著『算学啓蒙』を調べると，これにもページの初めの方に数の呼び名が書かれているんだよ。

いよいよ次は，さらに50年前の名著『数書九章』(秦九韶，1247年)を調べる必要がある，とさかのぼっていくね。いまこの本は手元になく，近く白教授からいただく予定なのだ」

〔注〕無量大数は，無量と大数とを別のものとする場合もある。

2　小さな数の呼び名

「各本の比較（P.37参考）を見ると，大きな数と一緒に小さな数の呼び名（数詞）も出ていますね。やはり同時に教えられた，別のいい方をすると同時期に創られたといえるんでしょう。

それでお父さんの研究では，この起源はいつということになったのですか？」

「いまあげた中国数学の名著はみな，紀元1世紀頃の名著『九章算術』（著者不明）を原典，参考にして書いているので，白教授から贈られたコピー本を調べると，これには大きな数，小さな数の呼び名が出ていないのだ。

ということは，紀元2世紀『数術記遺』以後，13世紀『数書九章』までの間に創られた，と予想した。

たまたま，白教授から下のような数学史学会の通知をいただき，『数書九章』の研究と共に，数の呼び名のことも教えてもらおうと出席の返事を出したよ。本研究はこれからさ。」

**秦九韶《数书九章》成书740
周年纪念暨学术研讨国际会议**

1987年　5月　21—25日

中国　　北京

第一轮通知

秦九韶是13世纪著名的中国数学家，他的名著《数书九章》成书于1247年。为纪念《数书九章》成书740周年，在中国国家教育委员会的支持下，由北京师范大学数学系 与 北京师范大学科学史研究中心联合举办 "秦九韶《数书九章》成书740周年纪念暨学术 研讨国际会议，" 该会议拟于1987年5月21—25日在北京召开。报到、注册日为1987年5月20日。

（中　　略）

第二轮通知将在收到回执后，于1987年元月寄去。
热烈欢迎您参加这次会议，欲参加会议者，请将回执填妥径寄：

中国　　　　北京
北京师范大学　　数学系
白尚恕

秦九韶《数书九章》成书740周
年纪念暨学术研讨国际会议　筹 备 组

33

小さな数の呼び名

浄 清 空 虚 六 刹 弾 瞬 須 逡 模 漠 渺 埃 塵 沙 繊 微 忽 糸 毛 厘 分 一
　　　　　徳 那 指 息 叟 巡 糊

(11世紀頃,仏典から
つけ加えられた)

すべて10進法
になっている

　「お父さんの示した,大きな数,小さな数の呼び名の数直線には,大きな数では"恒河沙"から,小さな数では"模糊"からの数が,11世紀頃,仏典(『華厳経』)からつけ加えられた,とあるでしょう。ということは,この数は早くて『数書九章』以後に出てくるものと考えていいのでしょう。」

　「なかなかするどい観察だね。お父さんが調べた信頼のおける本に出ていたものだが,"仏典から"ということになるとインドで創案されたものと考えるのが当然だろうね。」

　「ナァーンダ,やっとわかった。お父さんがインド旅行やインド数学の話をしてくれるものと思っていたのに,ズーッと中国の数学の話ばかりで変だな,と思ったけれど,実は,実は,大きな数の呼び名も,小さな数の呼び名も,そのもとはインドだ,といいたかったんでしょう。」

　一郎君は,大発見をしたようにしゃべりました。

　「数の呼び名はインドの発明だよ,といってしまってはあまりに単純すぎておもしろくないだろう。宝石の包み紙を1枚,1枚はがしていく方が,楽しみも疑問も大きくなっていいだろうと考えたのさ。」

中期インドのいろいろな数字体

2　数の呼び名と"数"

「インドの梵語に中国では漢字（音訳）を当て，それが日本へ伝えられた，というわけですね。」

友里子さんも，納得できたようです。そして手元の『世界史辞典』を見ながら，

「"梵語"というのは，古代インドの言葉サンスクリットのことで，狭義には，そのうちの古典サンスクリット語をさすのだそうです。

サンスクリット { ヴェーダ語──バラモン教の聖典『ヴェーダ』（B.C.20世紀）で規定
古典サンスクリット語──文法家パーニニ（B.C.4世紀）により規定

バラモン教は7，8世紀のグプタ朝時代に他宗教を吸収してヒンドゥ教へと発展するのですが，現在，インド人の大部分がヒンドゥ教で，総人口の約半数がヒンドゥ語を話すそうです（公用語は14種類）。

古い国の上，いろいろな民族，文化，宗教が交じっているので，辞典ではくわしいことがわかりませんね。」

「友里子が宗教の話を出したので，インド人の各宗教人口比率を示そう。右のようになっている。

確かに，ヒンドゥ教徒が多いね。」

固有　バラモン教 { ヒンドゥ教　83.2%（うちシーク教2%）
仏　　教　　1%
ジャイナ教　0.4%

外来　他　宗　教 { イスラム教　11%
キリスト教　2%
ユダヤ教他　2.4%

「お父さん，話がだいぶそれてしまったようだけれど——。」

「そうだね。数の呼び名が話の中心だった。しかし，この問題を追求していくと，仏典にたどりつき，すると仏教つまりは宗教のことを考えることになってしまうんだよ。」

「では，あたしが，この話の終止符を打つことにしましょう。

大きな数の呼び名も小さな数の呼び名も仏教語で，これを中国では漢字で数の呼び名に用い，それが江戸時代に日本へ伝えられた，ということでしょう。」

「まあそんなところだろう。ただいくつかの疑問が残っている。

"億〜極"と"分〜漠"は，いつ頃，どこで数の呼び名として用いられるようになったのか。

もう1つは，日本ではインドというと仏教，と思うし，日本では仏教徒が多いのに，現在，仏教誕生国のインドの仏教人口比率がわずか1％というのはどうしたことか。

などわからないことが数々あるね。今後の研究課題だ。」

「数の呼び名の文字を見ていると，日常身近な，たとえば，本，新聞，雑誌あるいはテレビなどに登場するものがずいぶんありますね。たとえば，

忽然として消えた，繊(纎)維，塵埃，漠然，曖昧模糊，……

なんてそうでしょう。

お兄さんどう？」

「微分がある。瞬息は息をする短い時間，弾指は指をはじく時間で，刹那などと同様そのまま使っているね。」

「恒河沙というのはガンジス川の砂のことだよ。」

2 数の呼び名と"数"

吉田光由
『塵劫記』
(1627年)

⇓

程大位
『算法統宗』
(1593年) 明代

⇓

朱世傑
『算学啓蒙』
(1299年) 元代

3 端下兄弟「小数と分数」

「お父さん、いま気がついたけれど、小さい数の呼び名に"割"がありませんね。野球などで3割打者とかいうでしょう。」

「"割"というのは、日本人が創った単位なんだね。"割"がワリコンダなんていわれてね。」

「小さな数の呼び名を順に並べてみると、右のように10進法なのですね。

ぼくはここでふしぎに思ったのですが——。というのは、数学史でいうと

10進法のしくみ

1分＝0.1
1厘＝0.01
1毛＝0.001
1糸＝0.0001
1忽＝0.00001
1微＝0.000001
1繊＝0.0000001
．．．．．．．．．．．．．．．．．．．．

"小数"の誕生は16世紀だと前に聞いたけれど、中国の本には11世紀以前からあったわけでしょう？」

「一郎はなかなかいい疑問をもったね。『数学史』に限らず、広く東洋史、西洋史を学ぶと必ず一度や二度こうした疑問にぶつかる。

2人がよく知っている例をあげると、"15世紀の3大発明は、羅針盤、火薬、印刷術である"というのがあるだろう。しかし中国では、遙かそれ以前から使用している。紙なんかもそうだね。

つまり、現在の歴史は『数学史』も含めて、西洋中心なのだ。」

「人類文化7000年の歴史の間には、通商や侵略、あるいは民族移動があって、世界的な交流があるようでも、やはり、西洋的、東洋的というのがあるんですね。」

歴史に興味をもつ友里子さんが関心を示しました。

「ちょっと簡単に古代文化圏を見てみよう。

友里子、この地図で少し説明してごらん。」

2　数の呼び名と"数"

「ハイ。人類の最古の文化は，チグリス，ユーフラテス両河の間のメソポタミア文化と，ナイル河流域のエジプト文化で，ともに紀元前3000年頃といわれています。その後にインダス河流域のインダス文化，黄河流域の黄河文化があり，この4つが世界4大文化といわれているものです。

メソポタミア文化とエジプト文化は，地理的にも近いので相互に交流をもって発展しましたが，

　　　メソポタミア文化は　　東洋文化 ⎫
　　　エジプト文化は　　　　西洋文化 ⎬ の原点になっています。
　　　　　　　　　　　　　　　　　　⎭

メソポタミア文化はインド，中国，朝鮮，日本へと伝播し，エジプト文化はギリシア，ローマへと継承されて，文化が発展していきました。

古くからビザンチン（後コンスタンチノープル）は"東西文化の接点"として有名な都市です。」

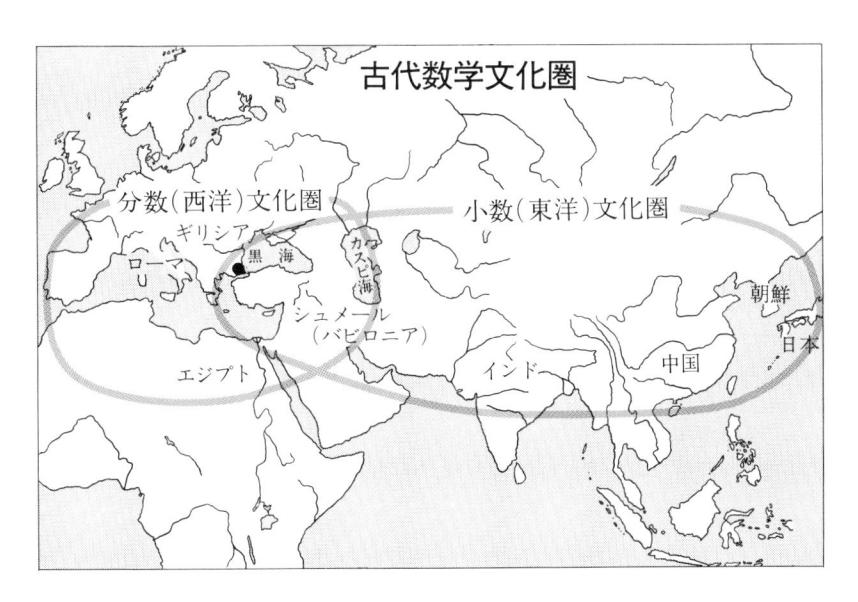

●が"東西文化の接点"といわれたコンスタンチノープル（現イスタンブール）

「文化の違いというのは，単に環境だけでなくものの考え方や表現の違いもあるので，文化の中で最も共通性のある数学ですら，異った発展をしているね。
　一口でいうと東洋は"小数"，西洋は"分数"ということだ。」
「メソポタミア文化は楔形数字による60進記数法で，エジプト文化は象形数字による10進桁記号記数法でしょう。
　この両者の数字の表し方の違いを見るために，下の表にまとめてみました。
　メソポタミアの60進法は，現在でも時間(分，秒)や角度の表現にそのまま残っています。」
　友里子さんはちょっと驚いて，
「時間や角度の端下がなんで60単位なのかふしぎに思っていたけれど，そんなに古い伝統があるのね。」
といいました。
「これは1年間を360日としたことに起因するとか，2つの民族の折衷案でできたとか，いろいろな説があるんだよ。」

文化＼数字	1	2	3	4	5	……	10	100	1000
メソポタミア	𒁹	𒁹𒁹	𒁹𒁹𒁹	𒁹𒁹𒁹𒁹	𒁹𒁹𒁹𒁹𒁹	……	𒌋	𒁹𒌋	𒌋𒁹𒌋
エジプト	𓏤	𓏥	𓏦	𓏧	𓏨	……	∩	𓏲	𓆼

〔注〕60進記数法では，67，85，173 などを現代流に書くと
　　　67＝60＋7＝1.7，85＝60＋25＝1.25，173＝120＋53＝60×2＋53
　　　＝2.53 と表した。

〔注〕エジプトではパピルスに，メソポタミアでは粘土に記録をした。

「メソポタミア文化の，60より大きい数の表し方(注)を見ると"小数"のニオイがしてきますね。」

「ではそろそろ，小数，分数の話に移ろうかね。

有名な言葉に"自然数は神が創った。あとの数は人間が創った"というのがある。

事実，相当の古代に数詞や数字が存在し，また文字をもたない未開の民族でも数詞をもっている。しかし，すべて自然数なんだ。少し文化が進むと"分数"が生まれてくるんだが，どういう経過で誕生すると思うかい。友里子どう考える？」

「7000年位前の人間になってみればいいわけよね。

文化が進むと次第に正確さが要求されて，たとえば田畑の測量での長さ，穀物などの重さ，商取引でのお金などで，基本単位より小さい，つまり端下の量を表す必要が起きてきます。

このときの解決方法には次の2つがあります。

(1) この基本単位よりも小さい単位を作る。

いまの単位を例にとると，1cmの端下の長さに対して1mmの単位を設ける。

(2) 1より小さい数を創案する。

たとえば，1cm以下の長さに対し，$\frac{2}{3}$cmとか0.4cmという分数，小数で表す。

でいいんでしょう。」

「なかなかいい想像だよ。

こうしてまず"分数"が誕生するわけだが，分数の表し方が東西でちがったね。」

「エッ！ 分数の表し方に2通りがあるんですか？」

2人は意外に思ったようです。あなたはどうですか？
「メソポタミア文化では分数の分子だけで，エジプト文化では分母だけで表すという方法をとったのさ。これは根本的にちがう考えだから，2通りといえるだろう。」
「分数は，分子，分母の2つの自然数を使って表すのでしょう。分子だけとか，分母だけで分数を表すというのは，どうやるのかナ――。」
　どうも意味がわからないようです。
　そこでお父さんは紙に書きながら説明を始めました。
「メソポタミア分数は60進法なので，分母を60，60^2，60^3 とし，実際には分母をいちいち書かず分子だけを書いた。一方，エジプト分数は分子をすべて1（ただ1つの例外が $\frac{2}{3}$ で と記した）としたので，分母だけで分数を表したのさ。
　古代人の知恵の良さに驚くと同時に，"分数"のもつ難しさを感じる。現在，小・中学生で分数計算の落ちこぼれが多いのも，この辺に原因があると思えるね。」
「アッ！　お父さんわかった!!」
　一郎君が大きな声を出しました。

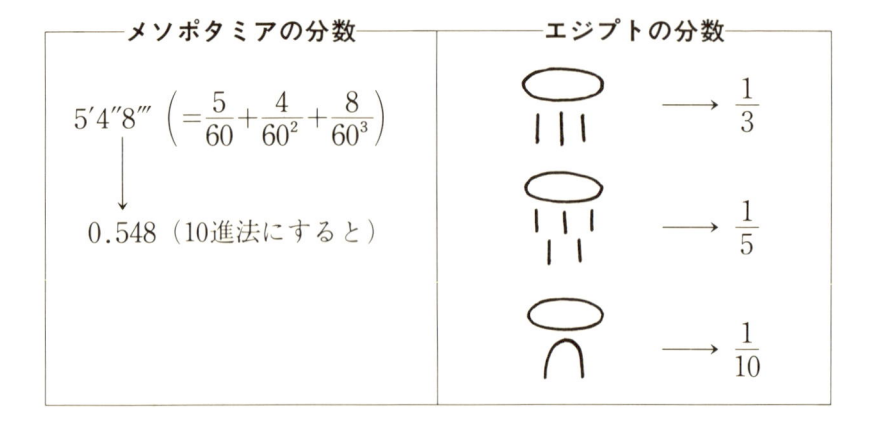

メソポタミアの分数

$5'4''8''' \left(= \dfrac{5}{60} + \dfrac{4}{60^2} + \dfrac{8}{60^3} \right)$

↓

0.548（10進法にすると）

エジプトの分数

→ $\dfrac{1}{3}$

→ $\dfrac{1}{5}$

→ $\dfrac{1}{10}$

2　数の呼び名と"数"

「メソポタミアの60進分数が10進分数におきかえられたとき、今日の"小数"が誕生したのですね。

これは、ピサのフィボナッチが『計算書』(1228年) を書いてインド位取り記数法をヨーロッパに紹介したことに始まるのでしょう。

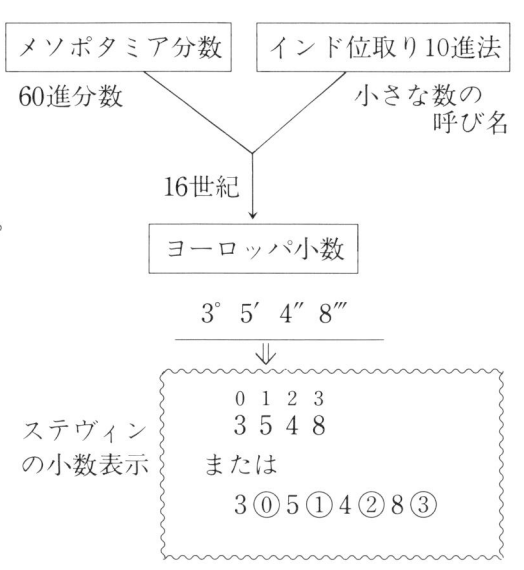

```
┌──────────────┐   ┌──────────────┐
│メソポタミア分数│   │インド位取り10進法│
└──────┬───────┘   └───────┬──────┘
   60進分数                 小さな数の
        │                    呼び名
        │      16世紀         │
        └──────────┬─────────┘
                   ↓
            ┌──────────────┐
            │ ヨーロッパ小数 │
            └──────────────┘
```

3°　5′　4″　8‴
――――――――――
⇓

ステヴィンの小数表示

　　0 1 2 3
　　3 5 4 8
　　または
　3⓪5①4②8③

小数の創案は、ベルギーのステヴィンが著書『小数算』(1585年) で上のように書いて示したところによるのですね。」

「上の小数表示から、小数点(•)を使った 3.548 の書き方までには、20年もかかっているんだよ。数学文化の進歩も遅々としていることがわかるだろう。

小数と分数は、端下兄弟だけれど、東洋と西洋ではその表現方法がちがうし、それによって数学の発展の仕方も異なったね。

話をもとにもどすが、インドにおける小さな数の呼び名は10進法で、これが中国に伝えられ、たとえば、"かさ"の単位でも10進法となり、ほとんどすべて日本へ伝えられたのだ。」

1 石 = 10 斗(と)

1 斗 = 10 升

1 升 = 10 合

(1 升 ≒ 1.8 ℓ)　　1 合 = 10 勺(しゃく)

4　n進法の考え

「インドでの大きな数，小さな数の呼び名（数詞）は10進法だけれど，そのまま0を用いたインド式記数法につながるわけではないのでしょう。」

「この辺が易しいようで難しく，結構混乱している人が多いね。たとえば，右の5つのことの関係やちがいをはっきりいえる人は少ないよ。」

2人は考えていましたが，友里子さんが口を開きました。

「記数法というのは数字を組み合わせて数を表す方法でしょう。

> ・数
> ・数詞
> ・数字
> ・記数法
> ・n進法

これには2通りがあって，

(1)　桁記号(単位)記数法

　　古代メソポタミア，エジプト，ギリシア，ローマなどで位が上がるたびに新しい桁記号を設ける。

(2)　位取り(位置)記数法

　　0を用いた算盤式のもので，10進法を例にすると0～9の10個の数字によって，無限の数を表す。

が基本になっていますね。」

「n進法はぼくが説明します。

これは"いくつを1まとめにするか"というものです。

人間の手の指が10本あったことから10進法が主流となっていますが，数学上では次の2種類の主張があります。

12，60進法……たくさんの約数があって，つごうがよい。

7，11進法……素数なので約分などの必要がない。

2 数の呼び名と"数"

しかし，10進法にはかないません。ただ，現代でも，いろいろなn進法が用いられています。

その例をあげましょう。

　2進法……コンピュータの原理
　5進法……ローマ数字Vなど
　8進法……コンピュータ数表現
　10進法
　12進法……ダース，グロスなど
　16進法……中国の算盤
　20進法……マヤ人の数表現
　24進法……時間など
　60進法……時間，角度，十干十二支

などです。」

「お兄さんネェー，10進法では10個の数字が必要なのでしょう。

すると12進法では12個の数字，60進法なら60個の数字がいるのでしょう？」

「本当ならそうだけれど，60も数字があったらおぼえきれないね。

古代ギリシアの後期では，1,2,3……をα, β, γ……と日本のア，イ，ウ……に相当する数字を使っているよ。

12進法なら，0～9のほかに$t\,(ten)$, $e\,(eleven)$の2個の数字をふやせばいい。すると右のような計算式が登場してくるよ。

おもしろいだろう。」

中国の算盤

〔加法〕

```
   2 t 8
 + 5 6 e
```

↓ 10進法にすると

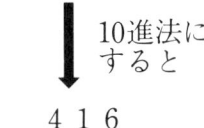

```
   4 1 6
 + 8 0 3
```

〔乗法〕

```
     e t
 ×   3 2
```

↓ 10進法にすると

```
   1 4 2
 ×   3 8
```

♪♪♪♪♪ できるかな？ ♪♪♪♪♪

さて，ここに n 進法の性質を上手に使った，ふしぎなカードがあります。

これはあなたが考えた数をズバリ当てる「数当てカード」です。次のような要領で進めてください。（ ）は影の声。

(1) 「1から31までの数で，あなたが好きな数を考えてください。」
　　あなた「ハイ，考えました。」
　　（いま，13を考えたとします。）

(2) 「その数はカードAにありますか。」
　　あなた「あります。」

(3) 「カードB，C，D，Eそれぞれにありますか。」
　　あなた「エエト，カードCとDにあります。」

(4) 「あなたの考えた数は，カードA，C，Dにあったわけですね。わかりました。あなたの考えた数は $1+4+8=13$ から，13でしょう。」
　　あなた「そうです。どうして当てられるのですか？」

~~~~~~~~~~~~~~~~~~~~~~~~

同じ要領で，自分でやってみてください。ところでどうして当てられるのでしょうか。

カードA

1	3	5	7
9	11	13	15
17	19	21	23
25	27	29	31

カードB

2	3	6	7
10	11	14	15
18	19	22	23
26	27	30	31

カードC

4	5	6	7
12	13	14	15
20	21	22	23
28	29	30	31

カードD

8	9	10	11
12	13	14	15
24	25	26	27
28	29	30	31

カードE

16	17	18	19
20	21	22	23
24	25	26	27
28	29	30	31

3

0の発見

1 三神，三世，三界の思想

「インドのバラモン教は4000年もの歴史があり，途中これから仏教やヒンドゥ教，ジャイナ教が生まれているため，実にたくさんの神様がいる。

如来……阿弥陀如来，薬師如来，釈迦如来　など
菩薩……地蔵菩薩，日光菩薩，弥勒菩薩　など
観音……千手観音，十一面観音，如意輪観音　など
明王……不動明王，愛染明王，孔雀明王　など

さらに，梵天，帝釈天，四天王，吉祥天，仁王尊，鬼子母神，伎芸天など，いるわいるわ。ところで七福神をいえるかい。」

「七福神は，大黒天，恵比寿天，毘沙門天，弁才，福禄寿，寿老人，布袋です。この中で弁才(弁天様)だけが女の神様です。」

「これらは中国で音訳したものが日本へ伝えられたのですね。

ぼくは大部分が日本の古来からある神様と思っていました。」

「ところでお父さん，なんでインドの神様の話など始めたの。」
友里子さんがけげんな顔をして聞きました。

「インド各地を歩いていくと，現地案内人の説明の中に，よく知っているというか耳にしている神様の名を聞いて，"エッこの神が""アッこの神も"といった具合に，ほとんどがインドから伝えられたものであるのに驚いたので，このことを話したかったのが1つ。もう1つは，"上・中・下"や"天・地・人"，"過去・現在・未来"あるいは"仏・法・僧"(三宝)ではないが，3つの関係に興味をもったのさ。

まずは，ヒンドゥ教の"三神"をあげよう。右がその神様だが，よくバランスを考えてあるだろう。

三神 ┤ ブラフマン神(世界創造神)
　　 │ ヴィシュヌ神(世界維持神)
　　 │ シヴァ　神(世界破壊神)

また，仏教では"三世"ということがいわれる。日本の諺で"袖触れ合うも他生の縁"というのがあるだろう。これは多少ではないんだよ。

三世 ┤ 前世(前生)＝他生
　　 │ 現世(現生)＝今生
　　 │ 後世(後生)＝他生

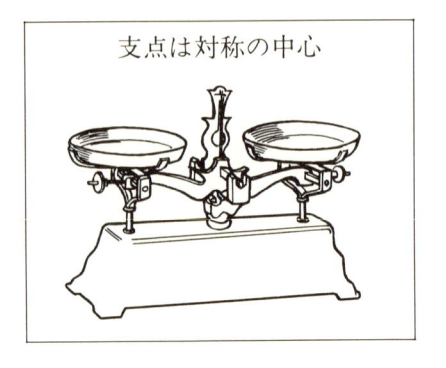

また，現代に合わない諺に"女は三界に家なし"というのがあるだろう。これも仏教でいう輪廻の世界だ。」

〔女〕
三従 ┤ 父（上）
　　 │ 夫（相手）
　　 │ 子（下）

〔仏教〕
三界 ┤ 欲界
　　 │ 色界
　　 │ 無色界

「3つは安定，という話ですか？」

「上皿天秤を思い出してみよう。支点でうまくバランスがとれているだろう。」

支点は対称の中心

48

2 数の対称性

「大きな数と小さな数との関係を，直線上で示すと，上皿天秤でいう支点が1になる，というわけですね。

小数，基準，大数

という"三数"の関係ですか。

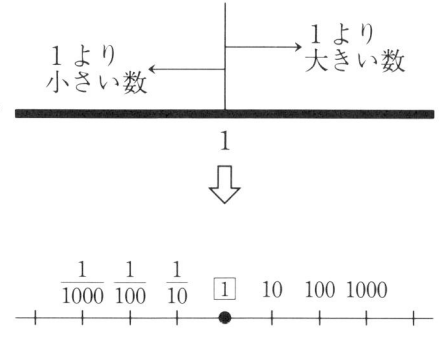

数直線で示すと，1が対称の中心になっていることがよくわかります。」

「ここでいよいよ"0"の登場ということですね。」

友里子さんは話の筋がわかってうれしそうです。

「その前に1つ質問をしよう。

インドで5世紀から8世紀の間に0が発見されたことはわかっているが，誰によって，いつ，どのような考えのもとで創られたのか明らかでないのさ。

そこで右に示すようないろいろな説がある。

それぞれみなもっともらしい考えだ。2人はどれを信じるかナ。」

2人はしばらく考えていましたが，

「あたしは(1)だワ。」

「ぼくは算盤の空位を考えると(4)かな。」

「アッ待って。あたし

―――― 0の発見の起源 ――――
(1) 大乗仏教の色即是空の"空"から
(2) インド哲学の絶対無の"無"から
(3) 名数法の数名詞（sūnya）から
(4) アバクスの計算具から
(5) 数の対称性から
(6) その他

は(5)にするワ。」
　「このことには興味があったので，お父さんが担当する『数学教育学研究』の受講生80名にこの質問を出したんだ。
　その結果が右のようだよ。」
　「アバクスと空と無が多いんですね。
それで本当はどれが正解ですか。」
　「まだ，0の発見の根拠は明らかにされていない。

大学生の考え		
(1)	空	21名
(2)	無	18名
(3)	数名詞	3名
(4)	アバクス	22名
(5)	対称性	12名
(6)	その他	4名

　有名な『零の発見』（吉田洋一著，岩波新書）では，
　"絶対無の考えも捨て難く，またアバクスからの示唆もさることながら，インド独特の名数法に負うところが少なくなかったと考えるのもそう不自然ではないように思われる。"
と述べているね。
　大先生でも，ああも考えられるが，これも根拠になりそう，と迷われているわけだ。」
　「さて，ここでお父さんの考えを聞かせてください。」
　お父さんは，待ってましたとばかり，ニッコリして，
　「インド数学旅行の第1の目的は"0の発見"の追求だったが，あの『タージ・マハール』を見たとき，"対称"（シンメトリー）が頭に閃めいたね。そして，

　　小数，基準(1)，大数
　　負数，基準(0)，正数

と対称の美しさから，0の発見を想像してみたんだ。」

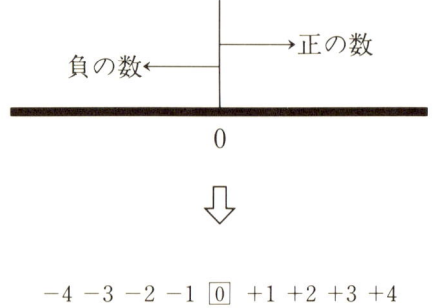

3　いろいろな0

「0の発見と負の数の発見とは，どちらが先ですか。」

「"発見"ということになると大変難しいけれど，よく知られていることからいうと，インドの代表的な2人の数学者，

　　ブラフマーグプタ（598〜660年）は負の数の規則を創る

　　マハーヴィーラ（850年頃）は零に関する演算を創る

という記録があるので，負の数の方が早く整備されたと考えていいだろう。

数学の理論からいうと，0があって負の数が考えられるわけだが，日常，社会生活での不足，負債や数学の草創期の方程式の解などでは，負の数の方が先に登場するのが当然だろうね。」

「ああ，そういう意味ですか。学校では，小学校で0，中学校で負の数を習うから，0の発見の方が先と思っていました。」

「お父さん，0には"印の0"と"数の0"とがあると聞いたことがありますが，これはどういう意味ですか？」

「なかなかいい疑問だよ。

分数でも4つ意味があるね。ただ分割したことを示す分数と，長さや量を示したり計算をする数としての分数があるだろう。

0も同じだよ。

メソポタミアの数字にも，アメリカのマヤ人の数字にも"印の0"はあったけれど，"数の0"まで発展できなかったね。」

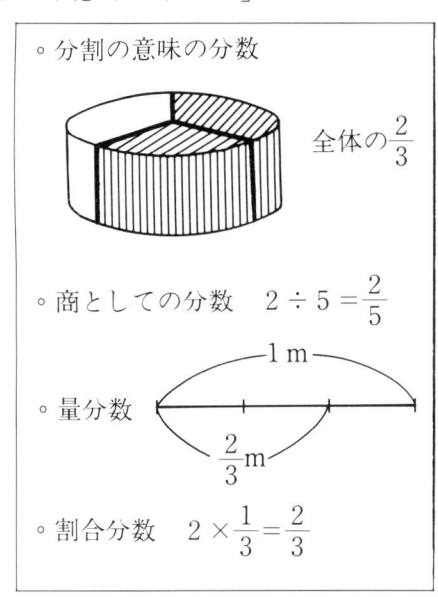

○分割の意味の分数　　全体の $\frac{2}{3}$

○商としての分数　　$2 \div 5 = \frac{2}{5}$

○量分数　　1 m　　$\frac{2}{3}$ m

○割合分数　　$2 \times \frac{1}{3} = \frac{2}{3}$

「0の場合も，分数のちがいの説明のような具体例がありませんか？」

友里子さんは，何としても"印の0"と"数の0"との区別をはっきりさせたいと思っているようです。

「では簡単な例でいこう。

いまここに，測定値3600mというのがあるんだが，この0は"印の0"か"数の0"か。さあー，どうだい！」

「0を除くと36mになってまずいし，3.6kmとすれば0はなくてもいいし……。」

「一郎はどうだい。」

「0は"位取りの0"と"有効数字の0"とがあると本で読んだことがあるけれど，これと同じ意味かな？」

「それは易しいいい方を，数学的に正しくいいかえたものだね。

測定値3600mでは，どのような単位の物指し（巻尺）で測ったかが問題だろう。

この場合，1m，10m，100m単位に区別すると下のようになり，その場合，場合によって0が単なる"印"（位取り）か，大切な"数"（有効数字）か，の区別がはっきりする。

	〔測定物指〕	〔有効数字〕	〔数学的表現〕
	1m 単位	3, 6, 0, 0	3.600×10^3
3600m	10m 単位	3, 6, 0	3.60×10^3
	100m単位	3, 6	3.6×10^3

この区別を正確に表現する方法が $a \times 10^n$ という形をとっているよ。物理の本などで見るだろう。」

3　0の発見

「さっき，インドの9世紀の数学者マハーヴィーラが『零の演算』を創ったとありましたが，それはなんですか？」

「右のような計算のことだよ。ついでに全部の答を出してごらん。」

「アラ，ナーンダ。

この計算のルールが9世紀頃できたのですか。こんなことなんで改まってやっているんですか。

あまり使わないでしょう。」

「とんでもないよ。

小学校の教科書を開いてごらん。2年生から始まって，右のような計算をするだろう。そうなると上のワクの計算規則をおぼえていないと計算できないだろう。」

「お兄さん，乗法と除法をやって！　あたしは加法と減法をやるから。」

〔加法〕	〔減法〕
$a+0$	$a-0$
$0+a$	$0-a$
$0+0$	$0-0$
〔乗法〕	〔除法〕
$a\times 0$	$a\div 0$
$0\times a$	$0\div a$
0×0	$0\div 0$
a は 0 でない実数	

（実際例）

```
   20           26
 +  5         - 10

   30        2) 40
 ×  4
              20) 80
```
　　　　　　　　　　　　　　など

2人は計算を始めました。あなたもやってみてください。

$a+0=a$　　$a-0=a$　　$a\times 0=0$　　$a\div 0=$（不能）

$0+a=a$　　$0-a=-a$　　$0\times a=0$　　$0\div a=0$

$0+0=0$　　$0-0=0$　　$0\times 0=0$　　$0\div 0=$（不定）

「お父さん，$a \div 0$ は無いもので割るんだから答は a で，$0 \div 0$ は $3 \div 3 = 1$，$5 \div 5 = 1$ と同じなので答は 1 ではないんですか？」

「友里子はなかなかもっともらしい考え方をするね。これについて，一郎はどう思うかい。」

「ぼくも以前そう考えていたし，不定，不能なんて言葉を聞いたとき，なんのことかわからなかった。でも方程式の考えによると意味がわかりました。

$a \div 0$，$0 \div a$，$0 \div 0$，それぞれ答があったとし，その式を乗法になおして考えます。順にやってみました。

$a \div 0 = x$ とすると $a = 0x$ ……① $0 \times x = 0$ なので ①の方程式を成り立たせる x の値はない。よって 不能	$0 \div a = x$ とすると $0 = ax$ $a \neq 0$ なので $x = 0$	$0 \div 0 = x$ とすると $0 = 0x$ ……② すべての数と 0 との積は 0 なので，②の方程式を成り立たせる x の値はどんな数でもよい。よって 不定

「ナールホド，除法の問題を考えるときは，乗法にもどして考えればいいわけね。

でも，不能とか不定なんて，難しい言葉ね。」

「そうでもないよ。中学 2 年の連立方程式で出てくるから。

友里子，下の連立方程式を解いてごらん。

(1) $\begin{cases} x + 2y = 6 \\ x + 2y = 12 \end{cases}$ (2) $\begin{cases} x + 2y = 6 \\ 2x + 4y = 12 \end{cases}$」

3　0の発見

「計算しましょう。

(1) $\begin{cases} x+2y=6 & \cdots\cdots ① \\ x+2y=12 & \cdots\cdots ② \end{cases}$

②−①

$\quad x+2y=12$
$-)\ x+2y=6$
$\quad\quad\quad 0=6\quad ?$

(2) $\begin{cases} x+2y=6 & \cdots\cdots ① \\ 2x+4y=12 & \cdots\cdots ② \end{cases}$

②−①×2

$\quad 2x+4y=12$
$-)\ 2x+4y=12$
$\quad\quad\quad 0=0\quad ?$

仕方がないから，グラフで考えてみます。

アラ！　連立方程式なのに2つの直線が交点をもたないワ？

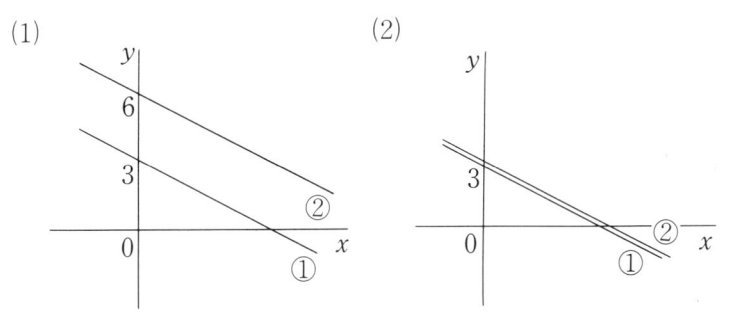

(1) [グラフ: 平行な2直線、y切片が3と6]

(2) [グラフ: 重なる2直線、y切片3]

こんな具合いです。」

「(1) は交点がないので答なし，つまり不能。また (2) は答は無数，つまり不定。ということだよ。」

「なるほどね。0というのは特別な数なので，いろいろ例外がでてくるのね。ところで0があって便利なことってあるんですか？」

「形式をととのえるのに，都合がいい。たとえば一般の一次関数のタイプというと $y=ax+b$　だが，$y=2x$, $y=5$, $y=0$　という特別のものも形式がそろえられる。」

一般形	$y=ax+b$
$y=2x$	⟶　$y=2x+0$
$y=5$	⟶　$y=0x+5$
$y=0$	⟶　$y=0x+0$

「そういえば，三次式や四次式を一般形にするのに便利ですね。

　　三次式　$5x^3+4x$　は　$5x^3+0x^2+4x+0$

　また，一般式で　$ax^3+bx^2+cx^1+dx^0$

と書けるし，0は便利だと思う。（$x^0=1$）」

「0の役割の大切さがよくわかったけれど，ほかにありますか？」

「"印の0"，"数の0"のほかに，"無限小の0"というのに気がつきました。微分の導関数のところで習った。友里子のために教科書のページをちょっと見せてあげよう。」

一郎君はこういって，下のような教科書の一部分を見せました。$h \to 0$の記号は"ある値をどこまでも0に近づける"そういう無限小の0です。

微分係数の図形的意味

曲線 $y=f(x)$ の上の2点 $P(a, f(a))$，$Q(a+h, f(a+h))$ を結ぶ直線の傾きは，平均変化率

$$\frac{f(a+h)-f(a)}{h}$$

で表される。この曲線にそって，点Qが点Pに限りなく近づくとき，一般に直線PQは点Pを通る1つの直線PTに限りなく近づく。この直線PTを点Pにおける曲線 $y=f(x)$ の**接線**といい，点Pを接点という。

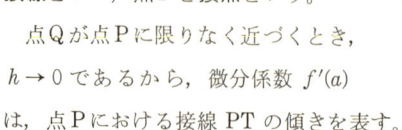

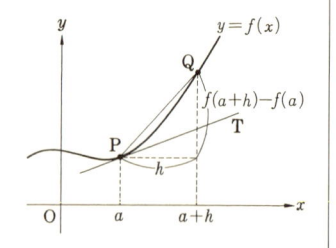

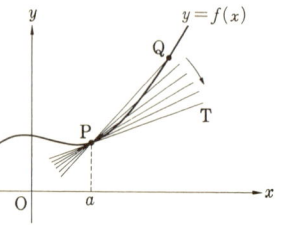

点Qが点Pに限りなく近づくとき，$h \to 0$ であるから，微分係数 $f'(a)$ は，点Pにおける接線PTの傾きを表す。

昭和58年度版『高等学校 数学II』学校図書，P.74より

4 インド数字と記数法

「現在日本で，いやほとんど世界中で使っている"算用数字"は，ふつう"インド数字"と呼んでいるものでしょう。インドで創られた数字がアラビアを経由してヨーロッパに伝えられたのですね。」

「ふつうはそういうふうにいわれているが，これは明らかなまちがいだよ。

"インドで創られた0による10進位取り記数法がアラビアを経由してヨーロッパへ"というのなら正しいね。あとでまとめて示すけれど，『数字』はどんどん変化して，初めの頃の形と算用数字の形とは似ても似つかないものさ。

下の寺院はカジュラホの東群にある彫刻の見事なものだ。このカジュラホは9～13世紀チャンデラ王朝の首都として栄えたところで，この寺院の一隅に修行僧の宿舎が並んでいたが，右のものは各室前の部屋番号だよ。

どうだい，算用数字とは似てないだろう。」
　「でも，今のインドではこんな数字は使っていないんでしょう？」
　「お父さんもそう思ったね。そこで念のため何食わぬ顔をして，ガイドに今のインドではどんな数字が使われているか，と聞いたんだよ。そうしたら，算用数字と並べて，ヒンドゥ数字も書いてくれた。
　それが右のものだよ。どうだい，宿舎の部屋番号（前ページ）と同じだろう。」
　2人はこの2つの数字を見比べながら，算用数字はヒンドゥ数字からできたもの，という感じがしたようです。
　「ではここで，算用数字の形が確定（15世紀の印刷術による）するまでの変化の様子を示そう。」

ガイドの書いてくれた算用数字とヒンドゥ数字

	現在の数字	1	2	3	4	5	6	7	8	9	10(0)
インド	ブラミー数字 B.C.3世紀	ー	≈	≋	￥	⼎	ϲ	⁊	⊃	ᒣ	ᴁ
インド	梵字 2世紀	⼛	ᘓ	ʒ	ᒧ	Π	ʋ	ᴴ	Ӿ	ユ	A
インド	10世紀	?	₹	₴	४	५	ϭ	ᴧ	⼱	ꝇ	o
アラビア	東方	1	Ⲅ	Ⲅ	ᵦ	β	ч	v	∧	9	・
アラビア	西方グバル数字	1	ᴢ	⼹	ᵞ	ч	ᶌ	7	2	2	○
ヨーロッパ	11世紀	1	ᴢ	ʓ	ᶜ	4	Ⴀ	ᴧ	8	9	○
ヨーロッパ	14世紀	1	2	3	4	5	6	7	8	9	○
ヨーロッパ	16世紀	1	2	3	4	5	6	7	8	9	0

（零の記号が●から0になったのは876年）

3　0の発見

「それにしても，なんで古代の文化民族は"位取り記数法"によらなかったのですか？」

「現代からみるとそう思うけれど，本当からいうと"刻み"的記数法の方が自然で，"位取り記数法"の方は人工的なんだね。だから小さい子は数の書き方をまちがえるだろう。

にひゃくさんじゅうごを200305と書いたりする。」

「図形の指導の流れは，エジプトの測量術（作図）からギリシアの証明へと，図形の発達史通りになっているでしょう。

ところが数や計算の指導の流れは，発達史を5000年以上いっきにとんで，インド式から始まっているんですね。

一口に数学といっても，図形と数とでは発達史の扱いがずいぶんちがいます。ふしぎだなー。」

「数学の発達史は，子どもの知恵（理解）や心理の発達に近いものがあるから，発達史を尊重する必要があるんだよ。

しかし，発達史をていねいに教育していたら現代になかなかこれないから歴史をとばす事になるが，それでも下に示すように，ちょっと古代式をやってインド式に移っているのだ。」

指導の流れ		百の位	十の位	一の位	考え方
(1)	ものを束にする	🏮 🏮	∭ ∭ ∭	∥∥∥∥∥	古代式
(2)	○の大きさで示す	○ ○	○○○	○○○○○	古代式
(3)	色によって大きさを示す	● ●	◉◉◉	○○○○○	古代式
(4)	位の考えを入れる	百	十	一	インド式
(5)	位置によって示す	○ ○	○○○	○○○○○	インド式
(6)	数字におきかえる	2	3	5	インド式

♬♬♬♬♬ できるかな？ ♬♬♬♬♬

　デリーに近いジャイプールという街の郊外の山に，堅固な城塞と宮殿群があります。

　そこに行くには，"象のタクシー"が利用されるので有名です。

　象についてはこんな話があります。

　象の重さを知りたい王様が，何かうまい方法がないか家来に質問したところ，1人の若者が出てきて，次のような方法を提案しました。

(1) まず象を舟に乗せ，喫水（舟が水につかっている部分の深さ）線に印をつけます。

(2) 次に象をおろし，その喫水線のところまでたくさんの石を舟に入れます。

(3) このあと1つ1つの石の重さを測り，それらをすべてたせば，象の重さがわかります。

　なかなかうまい考えですね。大きなものは分解すればいいというわけです。（高校数学の「積分の考え」）

　さてここで質問です。

　われわれに大変身近な数である"365"を，興味あるいくつかの数の和や積に分解してみてください。

　たとえば，$365 = 10^2 + 11^2 + 12^2$ というものを参考にしましょう。

4

インドの数学者たち

1 インドの歴史

「さて,いよいよインドの数学について説明していこう。なにしろ"インド記数法なくして近世西洋数学なく,また近代科学なし"といわれるほど,インドの0による記数法は現代文明,科学の土台になっているんだからね。

この,現代人が感謝すべき"インドの数学"を知るには,インドの歴史や民族,社会を知らなくてはならない。そういう意味で,簡単に歴史についてふれておこう。」

「歴史はあたしにまかせてちょうだい。」

友里子さんが自信をもって,しゃべりはじめました。

このお話は,裏表紙の『インドの変遷史』を見ながら聞いてください。

「紀元前2500年頃から,インドの原住民であるドラヴィダ人などによって,農耕,青銅器時代のインダス文化が起きました。これは現在パキスタン領になっているモヘンジョ-ダロやハラッパです。

このインダス文化とメソポタ

世界最古のメソポタミアの軍事都市ウルクの大遺跡(B.C.30世紀)―"イラクで人質",命懸けの「教材開発」旅行(1990年8月)―

ミア文化は活発な交流がありました。インダスで楔形文字の碑文が発見されたり，メソポタミアでインダス式印章が発見されたりしています。

この文化は，インダス川の大洪水で国力が衰えたところに，北方のアーリア人が侵入してきて，ついに滅びてしまいました。

アーリア人は，中央アジアの草原地帯を原住地とした遊牧民で紀元前2000年頃から南下を始め，下の図のようにインド各地へと侵略しました。

はじめ牧畜生活を営みましたが，やがて農耕生活をし，部族を中心とした共同生活を始めました。

アーリア人も他の多くの社会，国家の成立と同じく右の過程を経て，

(1) バラモン教の誕生
(2) カースト制度の設立

がなされました。

バラモン教の聖典を『ヴェーダ』というところから，この時代を"ヴェーダ時代"といいます。

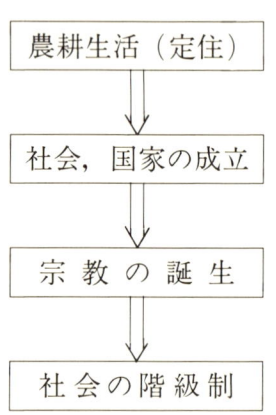

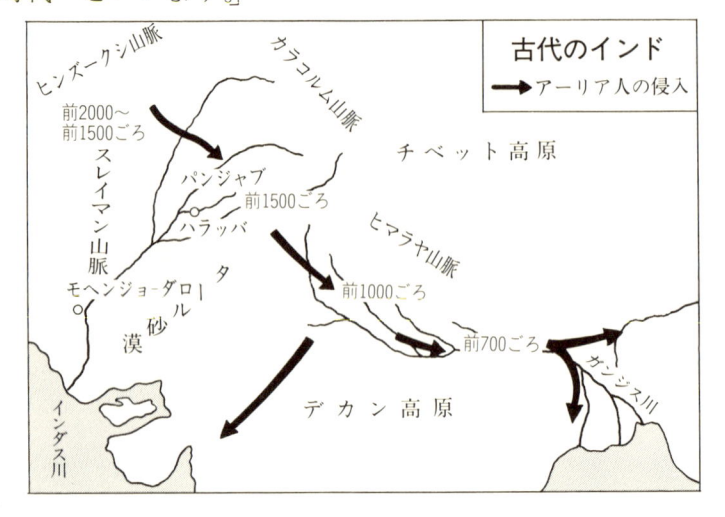

農耕生活（定住）
↓
社会，国家の成立
↓
宗教の誕生
↓
社会の階級制

古代のインド
→ アーリア人の侵入

ヒンズークシ山脈
カラコルム山脈
前2000～前1500ごろ
スレイマン山脈
パンジャブ
前1500ごろ
ハラッパ
モヘンジョーダロ
タール砂漠
チベット高原
ヒマラヤ山脈
前1000ごろ
前700ごろ
デカン高原
ガンジス川
インダス川

4　インドの数学者たち

「友里子はずいぶんくわしいね。

ぼくもカースト制度というのはよく知っているよ。

(1) バラモン（司祭者）　社会の最上位。暦，星の運行などの研究をし，一身は神聖不可侵とされた。――婆羅門

(2) クシャトリア（王様，士族）　政治や軍事を担当し，社会の秩序を維持する。――殺帝利

(3) ヴァイシャ（庶民）　農・工・商に従事し，納税の義務を負った。――吠舎

(4) シュードラ（奴隷）　主としてアーリア人に征服された民族や最低身分の賤民など。――首陀羅

の4種類でしょう。」（各項末語は，中国の音訳語）

「カースト制度というのは世襲制の上，カーストの異なるものとの婚姻はもちろん，飲食も共にできないほど区別が厳重だったそうだ。その後，種姓が細分化されてふえ，区別もゆるやかになったけれど，いまでもその名残があるそうだよ。」

と，お父さんが補足しました。

友里子さんが少し考えていましたが，

「生まれながらにして，本人の努力と関係なく身分がきまってしまうなんてかわいそうね。日本がそうでなくてよかったわ。」

とうれしそうにいいました。すると一郎君が，

「いや日本だって200年も前は士・農・工・商・賤民の厳しい階級があったじゃあないか。」

という言葉で，古い社会では階級制がそう珍しくないことに納得したようです。

「このカースト制度という階級的差別を否定しようとして生まれた宗教が2つあった。

1つは釈尊（しゃくそん）の仏教，もう1つはヴァルダマーナのジャイナ教

で，どちらも紀元前5世紀頃のことだよ。」

「この前のテレビで，ジャイナ教は虫も殺してはいけない慈悲の宗教なので，外を歩くときはマスクをし，前方をほうきで掃きながら歩いている姿が紹介されていたワ。ずいぶん大変なことね。」

「ちょうどこの時代に，有名な二大叙事詩の原型が誕生している。1つは『マハーバーラタ』，もう1つが『ラーマーヤーナ』で，前者は神話，伝説を集録（4世紀完成），後者は王子の武勇物語を主題（2世紀頃完成）としている。」

「インド人は韻をふんだ詩文で表現する習慣があるそうですね。ところでお父さん，4種のスートラって何ですか？」

「スートラというのは"経典"のことで，

(1)『シュラウタ・スートラ』（天啓経）
　　　祭官の司る祭祀のことを記したもの
(2)『グリヒア・スートラ』（家庭経）
　　　家庭内の祭祀のことを記したもの
(3)『ダルマ・スートラ』（法律経）
　　　各階級の義務について規定したもの
(4)『シュルヴァ・スートラ』（祭壇経）
　　　祭壇などの設置に関する規定を記したもの

の4種がそれだよ。」

「お父さん，そろそろ数学の話をしてください。」

一郎君がじれてきたようです。

「いやいや，もう数学の話に入っているんだよ。」

「エエ〜，どこに？」

「たとえば，バラモン，詩，『シュルヴァ・スートラ』などは数学に関係しているんだよ。」

2　インドの数学

「どういう風に，これらが数学と関係あるのですか？」

「まあ，誰でもふしぎに思うだろうネ。

まず，バラモンからいこうか。彼らの仕事は司祭だ。つまり国の祭事をするわけだよ。」

「少しわかってきたみたいだワ。古代エジプトに似ているんでしょう。つまり，祭事というのは，農業と深い関係があるのです。1年間の天候を観察して，いつ種をまくか，いつ刈り入れをするかなどを決定し，そのあと収穫祭などをいつするか，といった暦作りをしたりするのでしょう。」

「なかなか筋道が通っているよ。そういえばエジプトでも神官が最高の地位だったね。

いま，友里子のいったことを流れ図で示すと右のようになるだろう。

つまり，バラモンは天文学の研究者であると共に数学者だったのさ。

インドの数学者とは天文学者が兼ねていたわけだ。」

「古代ギリシアは哲学者が数学者だったのでしょう。」

「インドの文化を引き継ぎ大きく影響を受けたアラビアは，インドと同じで天文学者が数学者を兼ねている。数学者も国によっていろいろちがうんだよ。

日本の和算は科学や学問でなく趣味に近かったから，殿様や武士もい

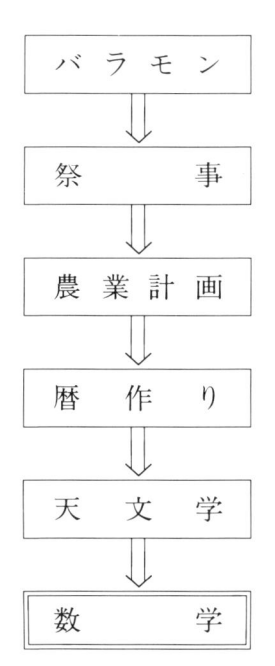

```
┌─────────────┐
│  バ ラ モ ン  │
└──────┬──────┘
       ↓
┌─────────────┐
│  祭       事  │
└──────┬──────┘
       ↓
┌─────────────┐
│  農 業 計 画  │
└──────┬──────┘
       ↓
┌─────────────┐
│  暦   作   り  │
└──────┬──────┘
       ↓
┌─────────────┐
│  天  文  学  │
└──────┬──────┘
       ↓
┌─────────────┐
│  数     学   │
└─────────────┘
```

れば浪人，商人，農民もいた。」

「次の詩と数学とはどういう関係があるのですか？」

「"詩"というのは，長い文章の無用な部分を削りとり，精選単純化したものだろう。数学も本質に関係ない部分を捨てて要点だけにした，という点では共通性がある。

有名な言葉に"詩人の心をもたない数学者は，真の数学者ではない"というものさえあるんだ。事実，数学者の中にはエッセイの上手な人がいるよ。

さて，古代，中世インドでは韻をふんだ散文を暗誦し，口伝えする習慣があった。インド文化の記録が乏しいのは，記述でなく暗誦によったからだとさえいわれている。

インドの数学の問題でも，詩文で書かれているね。」

「こういうのはインドだけなのでしょう。」

「いやいやそんなことはないよ。日本でも有名なものに次のようなものがある。

　　平安時代　　『口遊（くちずさみ）』（970年，源　為憲）
　　江戸時代　　『因帰算歌』（1640年，今村知商）

詩というか，歌になっていて公式などもおぼえやすくできているんだ。」

「数学は難しいので，わかりやすく，おぼえやすい工夫をどこの国でもやっているんですね。

では3番目の『シュルヴァ・スートラ』と数学とはどういう関係にあるのですか？」

「これは祭壇経だろう。

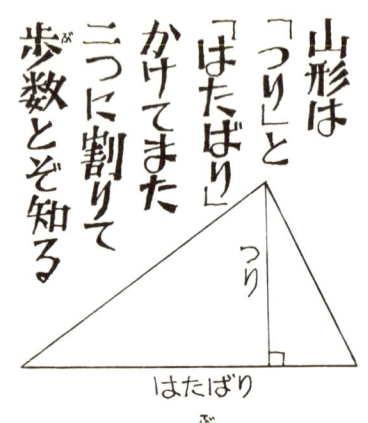

山形は「つり」と「はたばり」かけてまた二つに割りて歩（ぶ）数とぞ知る

山形(三角形)，歩数(ぶすう)(面積)

祭壇を作るための設計図やいろいろな図形の作図，これに関係する数学内容が書いてあるという。

今日知られているインド最古の数学書といわれているよ。

右のような内容のほか，ピタゴラス数（3：4：5 など）や $\sqrt{2}$ の近似値，円の面積の求め方などがあるんだよ。

紀元前5世紀頃のものだというから，なかなか立派なものだ。」

「三平方の定理は，エジプトの測量だけでなく，古代文化民族はみんな発見しているんですね。

古代中国も知っていたでしょう。

測量で直角を作るのに便利だったのでしょうね。」

「『シュルヴァ・スートラ』の次に古い数学書というと，天文学書『スーリア・シッダーンタ』というのがある。これは紀元400年頃といわれているが，これから後になると本格的な数学書が出てくるんだ。」

「4世紀頃というとグプタ王朝の時代でしょう。第3代のチャンドラグプタ2世は統一国家を築き，全盛期を迎えたのですね。」

「グプタ王朝は古代インド文化の黄金時代で，宗教，哲学，文学，美術と共に数学の最盛期でもあったのだ。」

――――――――――
◦ 正方形，長方形の作図
◦ 正方形の1辺と対角線との関係
◦ 正方形と等積な長方形の作図
◦ 円と等積な正方形の作図
――――――――――

三平方の定理

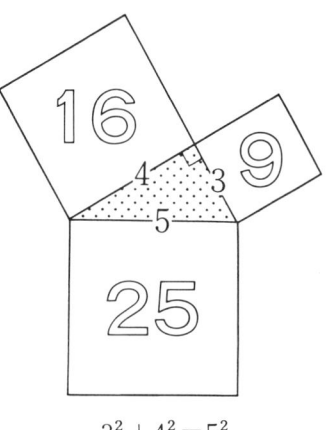

$3^2 + 4^2 = 5^2$

67

3 インドの数学者たち

「インドの数学には5大学派と2大分野がある。

なにしろ長い歴史をもち，しかも王朝がしばしば替る。しかもあまりしっかりした記録がないという国（民族）だから，著しく有名なもの以外の史実はあまりはっきりしていないね。

学派の方は専門的になるから省略するが，2大分野の方は説明しておこう。

(1)『パーティー・ガニタ』（書板数学）

　　暗算，指算ではなく，書板——板の上に砂をまき，これに数字を書いた——を用いて計算するもので，パターン化された問題に対する解のアルゴリズム。

(2)『ビージャ・ガニタ』（種子数学）

　　未知数に文字を用いる方程式論。

この2つだ。」

「"ガニタ"というのは数学のことですか？」

「広く"科学"という意味のことを指すようだね。インドでは天文学と数学とはあまり区別していなかったし……。」

一郎君がお父さんの言葉をさえぎるようにして，

「マセマティックス（mathematics, 数学）の語は，古代ギリシアのマテマタ（諸学問）から出来たものと聞きましたが，ギリシアもインドも数学を広くとらえているでしょう。

日本で使っている"数学"という語は"数の学"と勘ちがいされる悪い用語ですね。数学には文字式も図形も統計も………たくさんの内容があるでしょう。」

「"数学"は中国伝来語だけれど誤解を受ける用語だね。

中国では古くは算経，算法，算術などが用いられていた。

コンピュータを電子計算機と訳しているようなもので，"数

4 インドの数学者たち

学"の語はなんとかかえたいものだよ。」

「著名な数学者にはどんな人がいるのですか？」

数学好きの一郎君は，こちらの方に興味があるようです。

「まず時代順に，研究内容も含めて数学者名をあげてみよう。

6世紀　　アールヤバタ　著書『アールヤバティーヤ』
　　　　　　最初の3章は天文学，球面三角法。第4章が数学
　　　　　　で内容は級数，方程式，不定方程式と三角法など。

7世紀　　ブラフマーグプタ　著書『ブラフマー・スプタ・シッダーンタ』
　　　　　　級数，平面図形，測定，負数の規則，二次方程式，
　　　　　　二次不定方程式など。

9世紀　　マハーヴィーラ　著書『ガリタ・サラ・サングラハ』
　　　　　　上記2著書より完全なものになっている。
　　　　　　0に関する演算規則があり，虚数にもふれている。
　　　　　　方程式，平面図形，球の体積など。

12世紀　　バースカラ　著書『シッダーンタ・シロマニ』
　　　　　　天文学の書であるが，算術の章は「リーラーヴァ
　　　　　　ティー」(美しいもの)，代数の章は「ヴィージャ・
　　　　　　ガニタ」（根の計算）がある。
　　　　　　この書の内容は後に詳しく述べるが，代表的なも
　　　　　　のに，$\frac{a}{0}$（今日の無限大）を数とみなしたり，二
　　　　　　次方程式で負や無理数の解を認めたりした。

以上でわかるように，インドの数学の最盛期は5～12世紀で，これは主に天下統一をしたグプタ王朝あとの地方分立時代ということになる。数学を含めて，文化の発展は地方の時代，ということになるね。」

4　有名な数学書

「お父さん，古代インドの数学が後世の数学の発展に与えた影響というのは"0の発見"のほかに，どのような内容があるのですか？」

「数の計算や文章題，方程式などの面の貢献度は大きいし，天文学関係からの数学である三角法（三角比）や球面幾何の基礎固めもすばらしい。後世，ヨーロッパで尊敬をこめて呼ぶ"インドの問題"（文章題）も，数学の楽しさを広げたね。

ただ，図形の方はあまりレベルは高くなく，ギリシアのように証明などはもっていなかった。」

「算術のような易しいものもあったのでしょう。」

「商取引きなどの実用算術は低カーストの人々の間でさかんであったけれど，これは正統な学問とされていなかったようだ。この点古代ギリシアに似たところがあるね。」

「では，インド数学の内容について説明してください。」

「インド数学を代表する初期のアールヤバタの『アールヤバティーヤ』と後期のバースカラの『リーラーヴァティー』の内容を紹介しよう。

アールヤバタはインド最高の自然科学者で，インド国産第1号の人工衛星には，"アールヤバタ"の名がつけられたよ。

彼の著書は，初めてのまとまった書物であり，文章は他のものと同様に韻文で書かれているという。

科学の名著
BIBLIOTHECA SCIENTIAE

1

インド天文学・数学集

朝日出版社

4　インドの数学者たち

『アールヤバティーヤ』は次の4章からできているんだ。
第1章　十のギーティ詩節
第2章　数学
第3章　時の計算
第4章　天球

この中の"第2章　数学"の内容を示そう。

1．基本演算
(1)ブラフマー　(2)位取り　(3)平方・立方　(4)平方根
(5)立方根

2．図形数学
(6)三角形の面積，三角錐の体積　(7)円と球　(8)台形
(9)一般図形の面積，内接正六角形　(10)円周率　(11)半弦値
(12)半弦値(級数的)　(13)作図　(14)影円　(15)シャンク①
(16)シャンク②　(17)三平方，半弦と矢　(18)食分(2つの円)
(19)～(22)数列

3．量数学
(23) 2数の積　(24)乗数と被乗数　(25)利息　(26)三量法
(27)分数三量法，同色化　(28)逆算法　(29)多元一次方程式
(30)一元一次方程式　(31)会合時間　(32),(33)クッタカ

〔注〕 シャンクとは日時計の針，クッタカとは二元一次不定方程式。

上の1—(2)位取りとは，この時代にはまだ0がないので，一，十，百，千，万，十万，百万，千万，億，十億の10個を扱っているんだよ。」

「大体，どんな内容か見当がつくわね。食分というのは日食や月食のことでしょう。三量法とか逆算法というのはどんな計

算ですか？」

「これはあとでゆっくり説明するし，2人に問題を解いてもらうことにするよ。

さて次は，インド数学の最高峰といわれた『シッダーンタ・シロマニ』の中の"リーラーヴァティー"について語ろう。

この章の名は，実は著者バースカラの娘の名なのだよ。」

友里子さんがうれしそうな顔をして，

「お父さん，今度数学の本を書いたら"友里子"という章を設けてネー。」

と。一郎君は撫然として，

「変な数学者だな，娘の名を章名にするなんて！」

といいました。

「それには，こんな悲しい物語があるのだよ。

大体，世の父親は娘を可愛がるものだ。古代ギリシア最後の数学者といわれるテオンは，その娘ヒュパティアにあらゆる教育をほどこして理想的女性にし，史上最初の女流数学者にした。しかしその悲劇的最後は小説『ヒュパティア』に描かれている。

リーラーヴァティーの悲劇は，占星術師から，"この娘は結婚できない"と予言されたことで，その娘の運命をなぐさめるために，書物の中に娘の名を書き後世に伝えたのだ，といわれているよ。」

「どんな占いだったの？」

「水の入った容器の中にものを入れて，それが浮べば結婚できる，沈むと結婚できない，といったものらしい。」

「こんなことで一生を占うなんてふざけているし，父親バースカラもそれを信じるなんて，とんでもない人ね。」

友里子さんは自分のことのようにふんがいしています。

「この話はまだ続くんだよ。」

「どうなるの？　その後娘が結婚したの？」

「そうじゃあない。この言い伝えは後の人の作り話だということさ。」

「でも一般的に数学者というと家庭など顧みない理論的で冷酷な人，と思われがちだから，このやさしく美しい話は，そのまま残してもいいわね。」

「オヤオヤ，友里子はずいぶん数学者に理解があるね。ついでにお父さんにもやさしくしてくれよ。

さて，その内容に入ることとしよう。

節，項は次のようになっている。

1．規約
2．数の位の決定
3．基本演算
　　Ⅰ　基本演算8種　　Ⅱ　分数基本演算8種
　　Ⅲ　零の基本演算8種
4．種々の算法
　　Ⅰ　逆算法　Ⅱ　任意数算法　Ⅲ　不等算法　Ⅳ　平方算法
　　Ⅴ　乗法算法　　Ⅵ　三量法　　Ⅶ　五量法等　Ⅷ　物々交換
5．実用算
　　Ⅰ　混合に関する実用算　　　Ⅱ　数列に関する実用算
　　Ⅲ　平面図形に関する実用算　Ⅳ　堀に関する実用算
　　Ⅴ　積み重ねに関する実用算　Ⅵ　鋸に関する実用算
　　Ⅶ　堆積物に関する実用算　　Ⅷ　影に関する実用算
6．クッタカ（二元一次不定方程式）
7．数学連鎖
8．結語

こんな表だけでは，およその様子しかわからないので，もう少し内容上の特徴をあげてみよう。

　インドの数学書は詩文調だと前にいったが，例題での呼びかけも"友よ"とか"数学者よ""賢い者よ"という形で始まるんだね。そしてそれらはすべて男性への呼びかけだった。

　しかし，バースカラのこの本では，例題での呼びかけが女性向けで，たとえば，"輝く目をもつ美しい乙女よ"とか"小鹿の目の娘よ"などで，その点からも親しみやすいという。

　また，例題が抽象的でなくて，現実や空想上の人物，動物，その他が登場して身近なものとなっている。たとえば，

　　人　　間……王，乞食，僧，女性
　　動　　物……牛，象，らくだ，さる，蛇，くじゃく，蜂
　　植　　物……マンゴー，蓮，ザクロ，米，竹，アロエ
　　土　　木……木材，レンガ，貯水池，堀，窓
　　貴金属……金，ルビー，サファイヤ，ダイヤ，真珠

　など，工夫が見られるんだ。」

4 インドの数学者たち

「話は別ですが，このコブラの踊る写真では，お父さんコワゴワで，へっぴり腰ですねー。」

一郎君がひやかしました。

「お父さんはネ，蛇は平気なんだよ。」

そういって1枚の写真を見せました。

「どうだい！　毒蛇コブラもこのニコヤカな笑顔に，ちゃんと協力して写真に収まってくれたさ。」

いささか，話が脱線してしまったが……。

バースカラの新鮮なアイディアが多くの人々に教科書として長く読まれることになった。彼はこの本の冒頭で，

"私は簡潔な言葉とやさしくもまた曇りなき語によって，優雅なひびきの感興を有し，〈それゆえ〉練達の士に楽しみを与え〈るが，一方初心者にも〉良くわかる，数学の〈一分野たる〉算術を，ていねいに述べよう"

と記している。

この本が名著であることは，その後たくさんの写本，注釈書，公刊本，翻訳本が延々と発刊され続けられたことからもわかるだろう。」

「後世に長く影響を与えた名著は数々ありますね。

これまでお父さんから聞いたものでは右のような本があげられます。」

ギリシア	『ユークリッドの原論』
中国	『九章算術』
イタリア	『計算書』 Liber Abaci
日本	『塵劫記』

「さっきの表に出ていた"零の基本演算8種"というのはどんな内容ですか？」

「右のような0の計算規則だよ。ただし，＋，－，×，÷の記号は15世紀以降なので，バースカラは使っていない。この式は現代流になおしたものだよ。」

「$a \div 0 =$ 不能ですね。」

「あたしは，実用算のことと不定方程式のことを質問したいです。」

> **3－Ⅲ　零の基本演算8種**
>
> (1) $a+0=0+a=a$
> (2) $a-0=a$
> (3) $a \times 0 = 0 \times a = 0$
> (4) $0 \div a = 0,\ a \div 0 = $ khahara
> (4)' $a \times 0 \div 0 = a \div 0 \times 0 = a$
> (5) $0^2 = 0$
> (6) $\sqrt{0} = 0$
> (7) $0^3 = 0$
> (8) $\sqrt[3]{0} = 0$

「実用算というのは，言葉通りすぐ役立つ計算だね。項目だけではわかりにくいので補足しよう。

Ⅰ　混合　　は加減乗除の四則計算のこと
Ⅱ　数列　　は等差数列と等比数列のこと
Ⅲ　平面図形は多辺図形と面積
Ⅳ　堀　　　は土を掘ったときの土の量など
Ⅴ　積み重ねはレンガや立方体などを積む計算のこと
Ⅵ　鋸　　　は立体の切断面（ものを切った切り口）のこと
Ⅶ　堆積物　は俵などを積んだものの個数など
Ⅷ　影　　　は時間（時刻）に関するもの

以上のようだよ。

これを見ていると，江戸時代の和算書『塵劫記』(17世紀)の内容によく似ているね。『九章算術』(1世紀)にもある。

数学の基本は，どの民族にとっても同じであることがわかる。」

「不定方程式ならぼくが説明してあげるよ。
たとえば $x+y=6$ なんかが不定方程式さ。」

「でも，方程式のxとyの値の組は右の表のように，いくらでもあるでしょう。

0や負の数あるいは分数や小数まで考えると，組は無限でしょう。

これでも方程式というの？」

「答がきまらないから"不定"の名がついているのさ。

x	y	$x+y$
1	5	6
2	4	6
3	3	6
4	2	6
5	1	6
6	0	6
7	-1	6

でもx，yに条件がつくと答は有限になるね。」

ちょっと考えていた友里子さんが，

「たとえば，xとyはともに自然数，といえば，上の表で，$(1, 5)$, $(2, 4)$, $(3, 3)$, $(4, 2)$, $(5, 1)$の5組が答になるわけですね。」

「文章題で不定方程式になるものを2人に出そう。

"いま，ここに鶴と亀がいます。足の数を数えたら30本でした。鶴と亀はそれぞれいくつずついるでしょうか"

鶴をx羽，亀をy匹として方程式を作って答を求めてごらん。」

お父さんが，簡単な例を出しました。

2人は早速計算を始めました。あなたもやってみてください。

不定方程式は $2x+4y=30$。
この式を変形して $x=-2y+15$
このyに1～7を値を代入し，それに対応するxの値を求める。

y	x
1	13
2	11
3	9

♬♬♬♬♬ できるかな？ ♬♬♬♬♬

　ベナレスは，インド最大の聖地で，最もインド的風俗の見られる町といわれています。ガンジス河の岸辺には，早朝から沐浴し，敬虔な祈りを捧げる人がたくさん見られました。この岸辺には大小70ほどのガート（沐浴場）があり，これは約3kmにわたっています。

　地元の人の話では右下の写真のギザギザのところが平均水位だそうで，これを基準に正の数，負の数で水位が示されます。

　さて，ここで質問ですが，
$(-3)\times(-2)=(+6)$
つまり$(-)\times(-)=(+)$
が正しいことの説明をしてください。

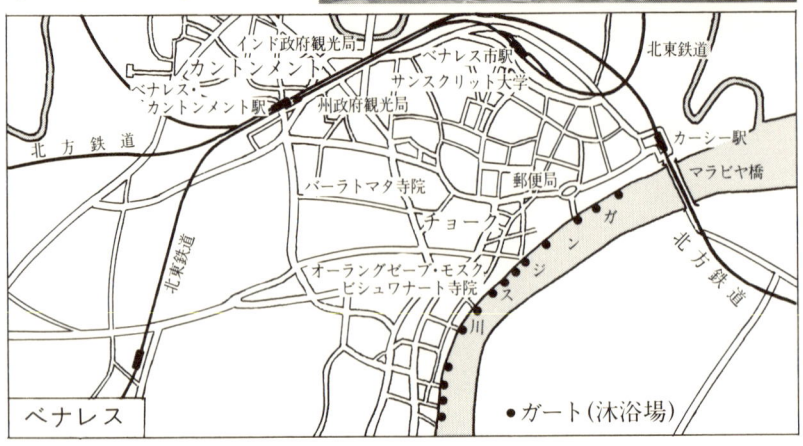

5

天文学と数学

1 天文台

「インドのカースト制度ではバラモン(司祭者)が最高位で,彼らは暦を作り,祭事を司った,と前に話をしたね。

暦作りとは,農業計画の基礎であり,長い天文観測から得られるものだろう。

だから,農耕民族にとっては天文観測は最も重要なことだ。

世界の4大文化発祥地はみな大河の河畔にあり,毎年の雨期,乾期を予想することが死活問題につながっていたから,どの地も天文学の研究は熱心だったね。」

「メソポタミアの有名な『バベルの塔』も天文台だったそうですね。」

「この写真はジャイプール市内にある18世紀の天文台だが,立派なものだろう。」

「天まで伸びた階段という感じですね。

この半球型の窪地は何なのですか？」

「この球の中心に当たるところに，ホラ，下の写真の上方に穴があいた硬貨のようなものが四方の針金で釣られているだろう。

この窪んだ半球の面には緯度，経度のような線がいっぱい書いてあり，太陽光線が中空の硬貨の穴から下にさしこんだときの場所から季節などを観測したそうだよ。」

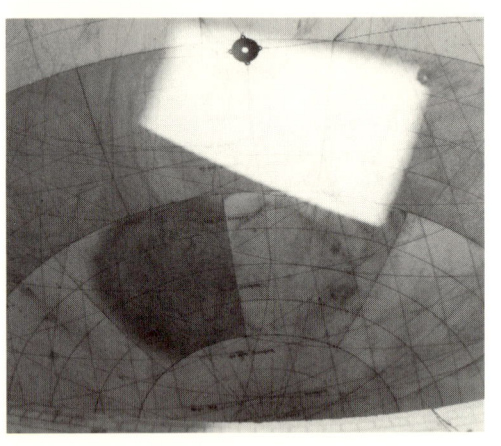

「ずいぶん精密にできているんですね。」

「ここはジャンタル・マンタル（観測所）で，10数個の大きな，種々の観測器が広大な広場のほうぼうに置かれていて壮観だった。

外国人（といってもお父さんもそうだが——）もたくさん見学に来ていたよ。

ジャンタル・マンタルはデリーにもあり，古くて大きな都市には，それ相応なものがあったのだろうよ。」

「ギリシアでは紀元前6世紀，中国では紀元前13世紀に，日食を観測した記録があるというのですからすごいですね。」

5　天文学と数学

一郎君が，厚い『万有百科大事典』(小学館)を開きながら，
「ちょっと，この事典から天文学のことを抜き出してみます。

一口に天文学といっても，いろいろな分野があります。

```
位置天文学    ┌天文測定学─┬測地天文学
(古典天文学)  └天体力学   └航海天文学

恒星天文学    ┌恒星統計学
              └恒星系力学

天体物理学    ┌太陽系物理学
(新天文学)    ├恒星物理学
              └恒星構造論
```
その他，電波，大気圏，宇宙など

いまここで話題にしたいのは古典天文学ですが，それも測地や航海以前の暦作りで，いわば"原始的観測天文学"ですね。でもこれに理論のメスを入れると"幾何学的天文学"に発展していきます。」

「この"幾何学的天文学"というのはなあに？」

「つまり，中国のように棒を立てたり，メソポタミアのようにグノモン（日時計）を用いたり，エジプトのように明星シリウスによったり，あるいは石門や穴のあいた２枚の板を使ったり，といった素朴な方法ではなく，『三角法』という図形を用いた精度の高い観測のことをいうよ。」

「お兄さん『三角法』というのはどんな方法なの？

簡単に教えてよ。」

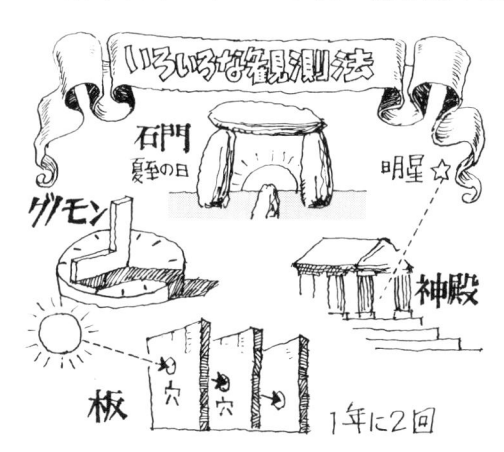

2　三角法

「天文観測というと『三角法』という語がでてきますが，ちょっとわからない点があるのでお父さんに質問します。ぼくたちは『三角比』とか『三角関数』は習ったけれど……，これとどうちがうのですか？」

「まあ，簡単にいえば三角法と三角比とは同じものだよ。

そもそもが測量のとき，三角形の辺と角の間の関係を基礎とし，他の図形の長さや角度を求める方法を『三角法』といったのだ。17世紀になってから『関数』が誕生して動的な考えや方法が発展しただろう。『三角法』に動的な考えを入れたのが『三角関数』で，静的な考え（比）のものを『三角比』と区別して呼ぶようになった。」

「アア，三角法は三角比と同じだと考えていいのですね。では友里子に自信をもって教えられる。

エエ～ト，基本的な考え方は直角三角形の辺と角との関係を利用して，直接測定できない長さや角を測る方法なんだ。

たとえば右の図で木の高さPBを求めたいときはどうする？」

「ABの長さを測り，a の大きさを求めて縮図をかき，図からPBを求めて何倍かするわ。」

「$a°$が45°のときは？」

「AB＝PBだからすぐわかるわ。」

古代の観測器

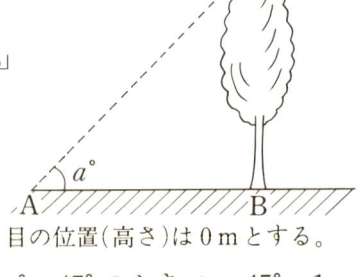

目の位置（高さ）は 0 m とする。

$a° = 45°$ のとき　$\tan 45° = 1$

$a° = 60°$ のとき　$\tan 60° ≒ 1.7$

「では $a°$ が60°では？」

「縮図をかいて計算するわ。」

「簡単なものなら縮図ですむが，距離があるときや正確さが必要なときは縮図というわけにはいかないね。

そこでこの場合だと45°，60°のときのABとPBの辺の比 $\left(\dfrac{高さ}{底辺}\right)$ を用いる。tan（タンジェント）というのは，その比のことをいうんだ。鉄道の勾配ではよく使っているよ。

"何km行ったら何m上る（下る）"というとき $\dfrac{高さ}{底辺}$ の比を出して示すんだ。」

「ということは，この 2 辺の比，つまりタンジェントについては1°から90°までの値が計算で求められているわけですね。」

「そういうことさ。だから，この表（巻末参考）が手もとにあれば，縮図などかかなくても計算で求められる。

タンジェントの表の値を使って，いくつかの角度に対するそれぞれの高さを図で示してごらん。」

「できるかナー，だってまだよく意味がわからないんだもの。

エエト，tan（正接）というところの表でしょう。（巻末の三角比表）30°，45°，60°，90°のほか，値が0.5，1，2，3に近いものを探しましょう。

$\tan 27° = 0.5095$　　$\tan 60° = 1.7321$

$\tan 30° = 0.5774$　　$\tan 64° = 2.0503$

$\tan 45° = 1.0000$　　$\tan 72° = 3.0777$

アラ！　tan 90°は何も書いてないわ。なぜかな？

底辺を 1 として図にすると，右のようになり，tanの値は高さで示されました。」

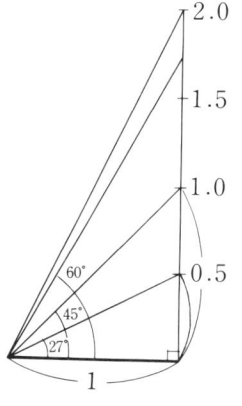

「tan90°は高さと斜辺が平行になるので"値なし"(∞)なのさ。図をかいたら，タンジェントの意味がだいぶわかってきただろう。」

「この表があると，たしかに便利ね。でも三角形というと辺が3つあるでしょう。高さと底辺の比だけでは困るんではないの？」

「待ってました！ そういってくれるのはいつか，と思っていたのさ。

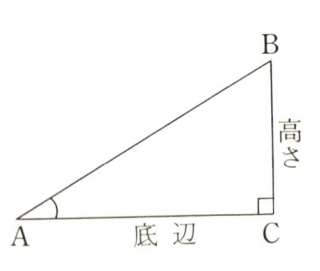

ではここで，三角比をきちんとまとめて教えてあげよう。

いま右のように定めると，

$\sin A = \dfrac{a}{c} \left(= \dfrac{垂線}{斜辺}\right)$ （サイン）

$\cos A = \dfrac{b}{c} \left(= \dfrac{底辺}{斜辺}\right)$ （コサイン）

$\tan A = \dfrac{a}{b} \left(= \dfrac{垂線}{底辺}\right)$ （タンジェント）

である。

sin（正弦），cos（余弦），tan（正接）などを三角比という。

まずこれをおぼえることだよ。」

「みな似ているので混乱しそう。」

「これには，右のようなおぼえ方があるよ。まだいろいろな工夫があるが，これが一番おぼえやすいだろうね。」

sin の *s* から…… 斜辺／垂線（イ）

cos の *c* から…… 斜辺／底辺（ス）

tan の *t* から…… 底辺／垂線（オ）

5　天文学と数学

「あたしここで2つ疑問が出てきたわ。

1つは，sinとかcos, tanというのはどういう意味なのか，ということ。もう1つは，3つの辺の比ということになれば，まだあるでしょう。

$\dfrac{a}{c}$ に対して $\dfrac{c}{a}$，　$\dfrac{b}{c}$ に対して $\dfrac{c}{b}$，　$\dfrac{a}{b}$ に対して $\dfrac{b}{a}$

つまり，それぞれの逆数に当たるものが考えられるわ。」

「いや，友里子は冴えている。ぼくはこんなこと考えたことなかったな。

お父さん助けて〜〜〜！」

「確かに大切なところを突いた質問だね。

第1の問題，これは"インドの数学"にかかわってくるよ。

sinの記号を最初に創ったのは，あの6世紀の数学者アールヤバタなんだ。

半弦の表を作っているが，このとき，図の弦ABをdiya（弓の弦）と呼んだ。

インドの天文学がアラビアに伝えられたとき，発音に従ってdschibaと書いたが，これは入江とか谷間を意味する語なんだね。これがラテン語に訳されるとき，ラテン語の入江，谷間に相当するsinusが用いられ，英訳されてsineとなったそうだ。」

「語源はインドですか？　でもずいぶん回り回ったものですね。」

アールヤバタの半弦の表
（今日の正弦表）

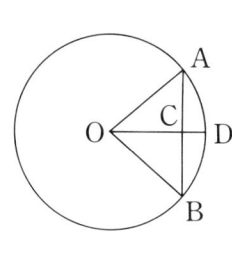

角	値
⋮	
15°0′	890
30°0′	1719
45°0′	2431
60°0′	2978
⋮	

前後は省略

「cos や tan はズーッと後になって出てくる。

cos は cosinus(complementi sinus つまり補足の正弦)。そしてニュートンが初めて cosine とした。1658年のことだ。

また，tan は umbra versa(逆さの影)と呼ばれていたが，tangent の語を用いたのは，1583年トーマス・フィンケだといわれている。

ところで，この比による数の表し方だが，それまでの小数，分数，負の数，平方根などに比べて，簡潔さに欠けるといわれているね。」

┌─記号を使った数の表し方─┐
3.28	$\sin\ 60°$
$\dfrac{4}{5}$	$\cos\ 30°$
-16	$\tan\ 45°$
$\sqrt{10}$	$\log\ 7$

「対数(log)もそうですが，英語付きで何だか"数"という気がしません。

さっきのおぼえ方をもとにした右のような記号にしたらよかったのにね。」

今の記号　　　理想の記号

$\sin\ 60°\ \longrightarrow$　[三角形に60]

$\cos\ 30°\ \longrightarrow$　[三角形に30]

$\tan\ 45°\ \longrightarrow$　[直角に45]

一郎君はなかなかユニークなアイディアをもっています。本当にこういう記号の方がよかったですね。"数"らしくて。

「友里子の第2の質問は，逆数だったね。これもちゃんとある。sin, cos, tan ですむので，ふつうはあまり使わないが——。

$$\cot A = \frac{b}{a} \qquad \sec A = \frac{c}{b} \qquad \mathrm{cosec}\, A = \frac{c}{a}$$

　　コタンジェント(余接)　　セカント(正割)　　コセカント(余割)

さて，ここでせっかく知った三角比を利用してみよう。2人で次の問題を解いてごらん。」

そういって，お父さんは次の問題を出しました。あなたも挑

戦してみてください。

〔問1〕海に面したガケの上から沖へ向かう船を見たところ，俯角（見おろす角）は25°でした。このガケの高さが840mのとき，船までの直線距離はいくらでしょうか。

〔問2〕2000m離れたA，B2地点で，これを結ぶ直線上に飛行機がきたとき，同時に仰角を測りました。

地点Aからは64°，Bからは57°でした。このときの飛行機の高度はいくらでしょうか。

〔問3〕工場の高い煙突があり，その高さを知りたいと思ったのですが，塀があって近くまで行けません。

そこではじめA地点で仰角を測り，次に煙突の方向に100m歩いてB地点で再び仰角を測りました。仰角はそれぞれ32°，48°でした。

煙突の高さはいくらでしょうか。

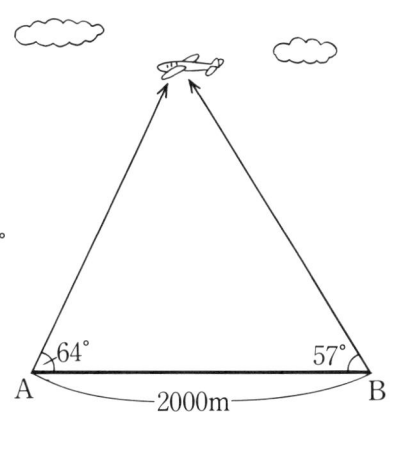

《解答》

〔1〕 右の図のような形では考えにくいので位置を変えて下図のようにしてみます。

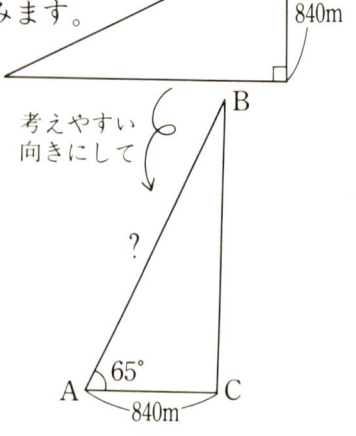

∠A＝65°なので

$\cos 65° = \dfrac{840}{AB}$

三角比表から　$\cos 65° ≒ 0.42$

よって　$0.42 = \dfrac{840}{AB}$

$AB = \dfrac{840}{0.42} = 2000$

<u>直線距離（AB）は2000m</u>

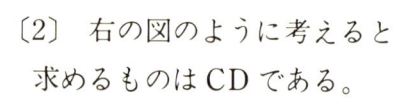

〔2〕 右の図のように考えると求めるものはCDである。

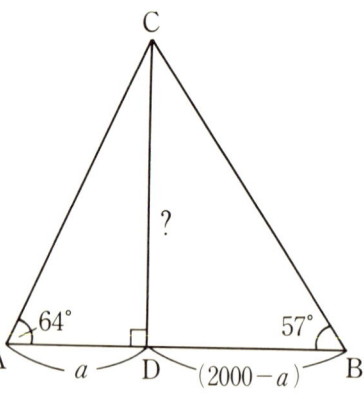

△CADより　$\tan 64° = \dfrac{CD}{a}$

よって　$CD = a \tan 64°$ ……①

また，

△CBDより　$\tan 57° = \dfrac{CD}{2000-a}$

よって　$CD = (2000-a)\tan 57°$ ……②

①，②より　$a \tan 64° = (2000-a)\tan 57°$

三角比表より　$\tan 64° ≒ 2.1$，$\tan 57° ≒ 1.5$

よって　$2.1a = 1.5(2000-a)$

　　　　$2.1a + 1.5a = 3000$

　　　　　　$3.6a = 3000$

　　　　∴　$a ≒ 833$

①に代入して　$CD = 833 × 2.1 ≒ 1749$　　<u>高度　1749 m</u>

〔3〕 右の図で，BQ＝a とすると

△PBQより　$\tan 48° = \dfrac{PQ}{a}$

よって　PQ＝$a \tan 48°$ ……①

また，

△PAQより　$\tan 32° = \dfrac{PQ}{(100+a)}$

よって　PQ＝$(100+a)\tan 32°$ ……②

①，②より

　　$a \tan 48° = (100+a)\tan 32°$

三角比表より　$\tan 48° ≒ 1.1$，$\tan 32° ≒ 0.6$

よって　$1.1a = 0.6(100+a)$

　　　　$1.1a - 0.6a = 60$

　　　　　　$0.5a = 60$

　　∴　$a = 120$

①に代入して　PQ＝$120 × 1.1 = 132$　　**煙突の高さ　132 m**

〔参考〕 **三角形の面積の公式**

右の△ABCで，この面積Sは

　　$S = \dfrac{1}{2}ah$

ここで　$\sin B = \dfrac{h}{c}$ より

　　$h = c \sin B$ を上式に代入

すると　$S = \dfrac{1}{2} a \cdot c \sin B$

よって　$S = \dfrac{1}{2} ac \sin B$ ……　2辺とその間の角がわかっているとき，その面積を求める公式

同様に　$S = \dfrac{1}{2} ab \sin C$，$S = \dfrac{1}{2} bc \sin A$

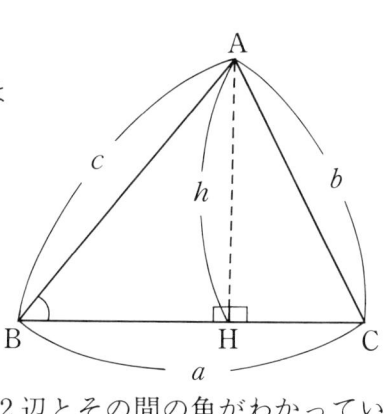

3　球面幾何

「球面天文学は，天体すべてが観測者を中心とする任意の半径の"天球"と称する1つの球面上の1点である，という考えが根底にある。

もっとわかりやすくいうと，"プラネタリウム"を思い浮べればいいだろう。夜空を見上げる人を中心とした半球でできているね。この発想を逆にしたのが，ジャイプールの天文台（P.79参考）と考えたらいいね。」

「地球の表面上も球だから，球面天文学はこの方面にも役立ったのでしょう。」

「そうだね。前に述べた測地天文学，航海天文学などで大いに利用している。

さて，この球面上での幾何（図形の研究）だが，平面上の幾何とは大分ちがいがあることは想像できるだろう。」

「幾何といえば，まず点，直線，角，三角形，平行線などが基本事項だけれど，こういうものはみないままでと同じに考えられないのですか？」

友里子さんが不安そうに質問しました。すると一郎君が，

「点は球面でも点でしょう。"直線"というのはないですよね。線はみな"曲線"でしょう。とすると，三角形や平行線も存在しないんだろうな。」

「でも，そうしたら幾何が成り立たなくなるでしょう。

平面とはちがう意味で，直線や三角形があるんじゃあないのかな。」

2人が首をひねっています。　「2点A，Bを通る直線」とは？

5 天文学と数学

　お父さんが口を開きました。

　「"直線"の定義は，『2点を通る直線とは，面上を通る2点を結ぶ最短距離をいう』としてある。

　いま，球面上の2点を結ぶ直線を引きたいときは，2点を通る大円（中心を含む切り口）をかけばいい。小円の弧の方が短く見えるが実際は長い。つまり，大円の弧（太線）の方が直線に近いのさ。」

　「小学校の教科書などでは，"直線とはピンと張った糸"のようなものと教えているでしょう。」

　「これも実は間違いだね。

　いま，2人が糸をピンと張るとき，うんと離れていたらどうなる。

　地表面と並行（平行ではない）になるだろう。引力によって。

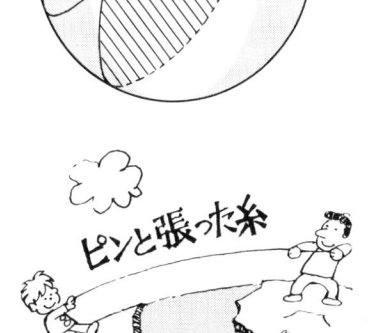

　そうしたら，この糸は直線といえないね。」

　「あんまりややこしいことを教えないで。だんだん混乱してきたわ。」

　「では次は角だ。

　これは右の図のように，交点上で各直線の面に対する接線を引き，その接線が作る角を，この交角の角の大きさとする。

　このように直線，角をきめていくと三角形というものもきまるね。次はいよいよ平行線だ。」

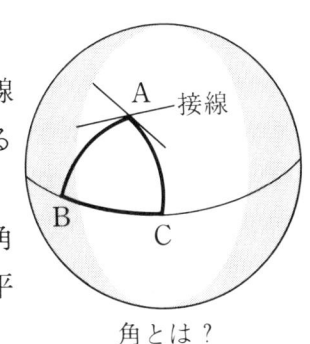

角とは？

「平行線は2直線が交わらなければいいのだから，この図のようなものでしょう。」

「l は大円になっているから直線だけれど，m の方は小円なので直線ではないよ。l，m についていえば"並行"であって"平行"ではない。」

一郎君にいわれて，友里子さんはレモンの輪切りを思い出しました。

「確かに間違いだったわ。

今度は自信のある答ですよ。

地球を例にとると，赤道に垂直な2つの経線は平行でしょう。」

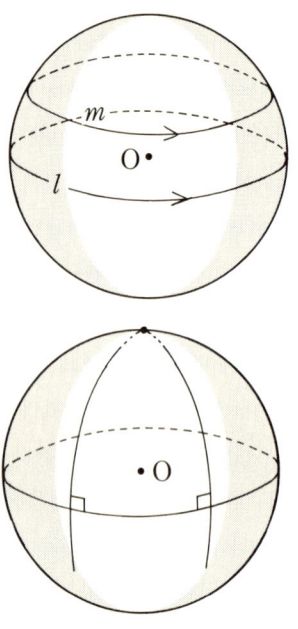

「なかなか良く考えつくね。1つの直線に垂直な2直線は平行である。というところによるんだろう。ところが地球儀で見てごらん。経線はみな極地で交わっているだろう。ということは平行ではない，ということさ。」

「球面幾何というのは難しいナー。平行線はなし，か。」

「球面上の三角形というのは，3つの内角の和は360°より大きくなりますね。下の△PABでは∠A＝∠B＝∠R（直角）でしょう。そしてこの中に相似な△QCDがかけますね。」

「待った，待った！

△PAB∽△QCDだって？

∠Cや∠Dは直角ではないだろう。球面では合同はあっても相似はないのさ。また"二角形"というのもできる。

まだまだ，おもしろい性質がある。」

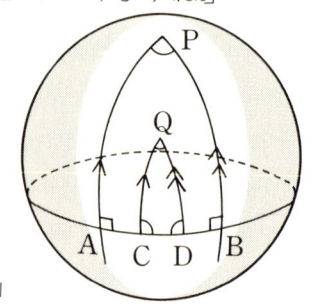

4 "証明"のない図形

「お父さん，インドの数学では，あまり図形内容はないんですね。基本的なものだけでしょう。」

「なんといっても，天文学者（司祭者）が数学者を兼ねている国だから，代数的な方面に強いわけだね。

前に説明したように，祭壇に関する図形や測量，天文の実用的なものぐらいで，体系的幾何というには程遠い。」

「古代ギリシアは，長い測量技術の経験を蓄積した測量術をエジプトから受けとり，それを"証明"というものを筋として，体系的な幾何を構成したのでしょう。

数学者が哲学者であるというのも特徴だと思います。」

「で，お父さん，インドの幾何の特徴はどういうものですか？」

計算は嫌いでも証明が好きな友里子さんは，こういう点に興味をもっています。

「一口でいうと，古代エジプトに近いね。神官が数学者であったのも似ているし，暦作りのため天文観測をしているのも同じだ。もちろんインドの方がレベルは高いが——。まとめると，

- 実用から数学が生まれていった
- 代数と幾何が融合された ⎫
- 図形について証明がなかった ⎭ ギリシアと異なる

ということになるかな。」

「有名な数学者ではどんな研究がありますか？」

「7世紀のブラフマーグプタは次のような研究をしている。

(1) 三角形の3辺を知って，その三角形の面積と外接円の直径を求めること。

(2) 上の場合で，3辺，面積，外接円の直径が共に有理数になるものを求めること。

(3) 円に内接する四辺形の4辺の長さを知って，面積，対角線，外接円の直径，垂線，およびそれが1辺を分かつ線分の長さを求めること。

(4) 上の場合で，これらがすべて有理数であるものを求めること。

これが幾何と代数を融合して考えたといわれるものだね。

彼については"ブラフマーグプタの定理"という問題があるので，2人に証明してもらおう。

〔問題〕 対角線が直交する不等辺四辺形ABCDが円に内接するとき，交点EからBCへ垂線EHを引き，このEHの延長がADと交わる点をMとする。

このとき，MがADの中点であることを証明せよ。

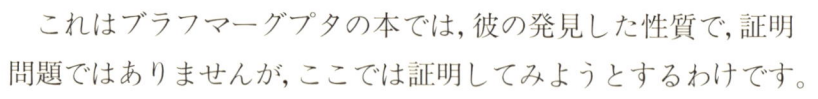

では考えてごらん。」（証明はP.183）

これはブラフマーグプタの本では，彼の発見した性質で，証明問題ではありませんが，ここでは証明してみようとするわけです。

「9世紀の数学者マハーヴィーラの図形研究も紹介しよう。

(1) 四辺形の面積
(2) 直角三角形の辺
(3) 円周率
(4) 球の体積

などが主だから，どう考えてもあまりレベルが高いとはいえないだろう。」

5 天文学と数学

♪♪♪♪♪ できるかな？ ♪♪♪♪♪

日食，月食は人類が古くから気づき，予言することができたものです。

"日食"というのは，月が太陽と地球の間にきて，太陽をかくす現象をいいます。

"月食"というのは，地球の影の中に月がはいって暗くなる現象をいいます。

さて，ここで作図の問題を出しましょう。

2つの円の共通接線の作図です。下の大，小2つの円で(1)では共通内接線，(2)では共通外接線を引いてください。

(1) 共通内接線　　　(2) 共通外接線

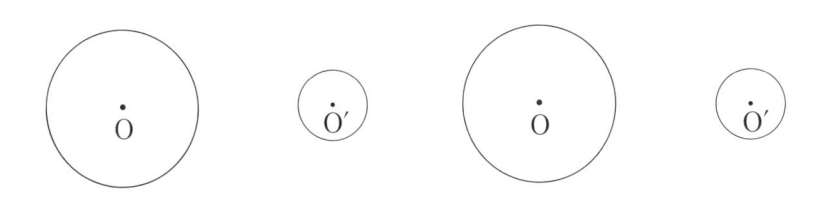

[ヒント]

円外の1点Aから円Oに接線を引くには，AOを直径とする円と円Oとの交点の1つをPとし，A，Pを結ぶと半直線APはこの円の接線になる。（証明はP.184）

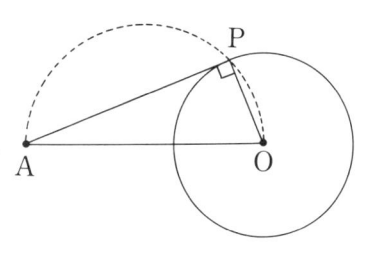

6

"インドの問題"という文章題

1　大きな答の問題

「お父さん，この寺院は立派だけれどずいぶんハデな門構えですね。有名なところなんですか？」

「これはインド最大の聖地といわれるベナレスの地で最高の格式をもつといわれる，ビシュワナート寺院(黄金寺院)と並ぶドゥルガ寺院だよ。猿が多く棲みついていることから別名"猿の寺"と呼ばれているところだ。」

「入口のハデな絵は何ですか？」

「腕が10本ある強い女神だそうだよ。インドらしい雰囲気を出すために，ターバンのガイドに立ってもらった。なかなかいい写真だろう。」

「それだけのための写真ですか？」

「いやいや，お話はこれからだよ。

このお寺には有名な伝説があったので，インドに行ったらどんなことがあっても寄ってみようと思ったところの1つなのさ。」

6 "インドの問題"という文章題

「ベナレスの寺院の有名な話というのは，どんな話ですか？
おもしろいの。」
「"この世の終り"という大変な物語だよ。
では話をしようか。

....

その昔，この寺院に3本の大理石の柱があり，その1本に黄金の円板が大小64枚，上の絵のように順に重ねられてありました。

この黄金の円板を，下のルールで補助柱を使って一方の柱に移すのですが，ここの言い伝えでは，64枚全部を移し終えたとき"この世の終り"ということでした。

さて，この世はいつ頃終るのでしょうか？

（移し方のルール）

(1) 円板は1回に1枚だけ移す。
(2) つねに小さい円板は，大きい円板の上にあるようにする。そのために補助の柱を用いてよい。

....

問題の意味がわかっただろう。

円板を1回1枚移すとしても，ゆっくりと1日1回だけ移すのと，1秒間に1回という猛スピードで移すのとでは，移し終るまでの年数はだいぶちがうね。

そこで，この世の終りを計算する前に，手順の回数が何回かを計算してみようね。2人でやってごらん。」

友里子さんが姿を消したかと思ったら、厚紙で作った大小いくつかの円板をもってきました。

「サァーテと。実験してみますよ。
まず円板1枚のとき、
これは1回で終り。
次は円板2枚のとき、
補助柱を1回使って……
手順は3回で終り。
では円板3枚に挑戦します。
たった3枚なのに、結構手数がかかるのよね。
全部で7回かかりました。（右図）
円板4枚。これお兄さんやってね。」

「めんどうなことになると、すぐぼくにやらせるんだから――。
エェ～トね。
15回もかかった。おどろくな。すごいふえ方で。」

「まあそういわずに、円板5枚の場合も数えてみてよ。」

「もう途中で混乱してダメだな。何かルールがないか考えてみよう。」

あなたもルール発見に努力してみてください。

回	円板 3 枚
0	
1	
2	
3	
4	
5	
6	
7	

6 "インドの問題"という文章題

「アアソーネ。これまでのことを表にまとめてみましょう。何かわかるかも知れないわ。」

友里子さんが, 右のような表を作りました。

枚　数	回　数
1	1
2	3
3	7
4	15

「2倍ずつになっているみたいね。」

「ウン, 2倍から1引いているんだろう。」

「ということは……。

この表にもう1つをつけ加えてみましょう。

アラッ。うまくできているワ。」

枚　数	回　数	計　算　式
1	1	$2^1 - 1$
2	3	$2^2 - 1$
3	7	$2^3 - 1$
4	15	$2^4 - 1$

「友里子は, すごい発見をしたね。もうこれで一般の公式ができたぞ。」

2人はうれしそうに仲良く話し合っています。

「お父さん, 公式ができました。右のがそれです。いいんでしょう？」

公式

a 枚のとき $(2^a - 1)$ 回

「黄金の円板64枚では $(2^{64} - 1)$ 回ということですね。2を64回かける計算だからそんなに大変ではないわ。」

「よくできたね。それでいい。ではさらに問題を発展させよう。

相当な回数になりそうだから, 円板1枚を1回動かすのに1秒として, 今日の正午から仕事を始めたら, "この世の終り"はいつ頃になるだろうか。」

「1秒に1回といえば, 1日に $60 \times 60 \times 24 = 86400$ (回) 1年間ではこれの365倍で31,536,000回円板を移すことになるでしょう。"この世の終り"は1年で来ちゃうワ。」

「いや，そうともいえないよ。$(2^{64}-1)$ というのも相当な数になるのではないかな。

ちょっと電卓で計算してみるね。」

一郎君がしばらく電卓をカチカチやっていましたが，突然大きな声を出しました。

「ウワー，すごい数になったよ。20桁もある数だ。

　18,446,744,073,709,551,615

この数はおよそ 1.8×10^{19} と表せるんでしょう。」

「そうだね，一方1年間の秒数は 3.2×10^7 だ。回数を秒数で割れば，この世の終りが求められる。つまり下の計算をする。

　$(1.8\times10^{19})\div(3.2\times10^7)$

一郎やってごらん。」

「ハイ。$(18\times10^{18})\div(3.2\times10^7)$ として

　$(18\div3.2)\times10^{18-7}$

　$\fallingdotseq 6\times10^{11}$

つまり，600,000,000,000

これは，6千億年です。」

「エエ～，たった64枚の円板を移すのに，6千億年もかかるの。地球ができて46億年というのでしょう。

はじめ"この世の終り"といって驚かされたけれど，これから6千億年というのなら，あたしたちはちっとも不安に思うことはないわね。

もし，1分間1枚移動，しかも8時間労働でやるとなると，これの $60\times3=180$。180倍も年数が延びるのよ。安心，安心。」

6 "インドの問題"という文章題

「このように，急速にふえる問題のタイプを積算と呼んでいるんだが，インドに伝わるもう1つのおもしろいものを紹介しようか。

ある王朝のシーラム王に，シッサ・ベン・ダーヒルという数学に優れた家来がいたんだよ。

彼は大変おもしろい遊び（将棋の一種）を発明し，王様に献上しました。よろこんだ王様は，ダーヒルに"望みの品を与えるから言え"といいました。

彼ははじめ遠慮していましたが，しばらく考えたのち，次のような希望を述べました。

"それでは希望をいわせていただきます。

この盤には8×8の64のます目がありますが，最初の目に小麦を1粒，2番目の目に2倍の2粒，3番目の目には2倍の4粒というように，2倍，2倍していって，64番目の目まで積んだ小麦を，全部いただきたいのです"

シーラム王はそれを聞いて，欲のないヤツだ，と思いました。

そこで計算係の役人を呼び，どれほどの小麦の量になるかを計算させました。

というお話さ。」

「1＋2＋4＋8＋16＋32＋64＋128＋……………… という計算でしょう。これが64項までとしてもせいぜい小麦2，3袋もあれば充分でしょうね。」

「そうかな？ 黄金板の計算からいうと，そんな少ないものとは思えないよ。」

「じゃあ，さっきのように表にまとめてみます。

あら，合計のでかたが同じだワ。

ということは，64番目までの総粒数は，($2^{64}-1$) 粒です。」

番目	粒	合計
1	1	1
2	2	3
3	4	7
4	8	15
5	16	31
6		

「これはさっき電卓で計算した，
　18,446,744,073,709,551,615
です。たった64のます目でこんなになるのですか？」

「これだけの小麦粒の量というと，およそ2000年間の世界の小麦の生産高だそうだ。

これではインドの王様といえども持ち合せがないだろう。

王様はダーヒルにあやまったという話さ。」

「似た話を聞いたことがあります。

"豊臣秀吉と曽呂利新左衛門"の話かなにかで——。」

「いろいろな形で，世界中に広まっている話なんだね。

古くは，4000年昔の世界最古の数学書エジプトの『アーメス・パピルス』の中に，積算が見られる。

"7人がそれぞれ7匹の猫をもち，それぞれの猫は7匹の鼠を食べた。各鼠は7本の大麦の穂を食べ，それぞれの穂からは7合の麦がとれる。このとき，各項の総和を求めよ"

という問題だよ。」

「こういうタイプの問題は意外性があるので，興味をもたれるのですね。どの国，どの時代でも広く読まれた庶民的な本にはこの積算が入っていますね。」

「厚さ1mmの大きな紙を，2つ折りを続けて22回折ったとき，富士山より高くなるという話もこの仲間でしょう。」

2　楽しい文章題

「ところでお父さん，"インドの問題"というのはどういう問題ですか？」

友里子さんが興味深そうに聞きました。

「前にもちょっと話したように，インドの記数法，計算法をはじめ天文用の三角法など，進んだ数学がアラビアに伝えられ，ここでさらに充実，発展してヨーロッパに伝えられたのだよ。

間接的にインド数学を引き継いだヨーロッパの人たちは，"インドはすばらしい数学国だ"と尊敬をもっていた。

とりわけ，ユーモラスでとんちがあり，凝った問題に関心を示し，これらを総評して"インドの問題"と呼ぶようになったのさ。」

「ちょっと楽しそうね。では"インドの問題"を出してください。」

珍しく乗り気です。どんな問題か期待しているんですね。

「いろいろなタイプがあるよ。また，前（P.74）にいったように種々の動物や植物が登場してくる。こんなところもなかなかシャレているね。

ではまず準備として1問出そう。

オスのロバとメスのロバが何本かずつぶどう酒を背負っています。

メスのロバは重い重いと文句をいいました。するとオスは

"まあがまんしなさい。もし君から私に1本よこすと，私は君の2倍になり，反対に私から君に1本やると同じになる"

と。いま，それぞれ何本ずつか。」

「私が算数式にやってみます。オスから1本やると同じになるのだから，

　　（オス）－（メス）＝2本

ですね。

もう1つの条件は，メスからオスへ1本やるとオスはメスの2倍，というものなので，右の表から，ちょうど2倍になるものをさがします。

すると，オス7本，メス5本が答になります。

正解でしょう。」

オス	メス	メスからオスへ1本やると		
		オス	メス	倍
3	1	4	0	
4	2	5	1	
5	3	6	2	3
6	4	7	3	
7	5	8	4	②
8	6	9	5	

「ぼくは方程式で解きます。

いま，オスが x 本，メスが y 本とすると，

$$\begin{cases} x+1=2(y-1) & \cdots\cdots ① \\ x-1=y+1 & \cdots\cdots ② \end{cases}$$

　①を整理して　$x-2y=-3$　……①′

　②を整理して　$x-y=2$　　　……②′

　①′－②′より　$-y=-5$

　　　　　　よって　$y=5$　これより　$x=7$

答 $\begin{cases} \text{オス　7本} \\ \text{メス　5本} \end{cases}$

です。友里子と同じ答です。」

「よし，準備体操は終りだ。次の問題を出そう。

今度は盗人が一役買うんだよ。おもしろいね。

"ある盗人が，3人の番人がいる農園へポテトを盗みに入りました。たくさんとったのですが最初の番人に見つかり，盗んだポテトの半分より2個多くとりあげられました。

6 "インドの問題"という文章題

そこから少し行ったところで2番目の番人に見つかり，残っていたポテトの半分より2個多くとりあげられました。そして少し行って3番目の番人に見つかり，また，残りのポテトの半分より2個多くとりあげられ，ようやく農園を出たときポテトを数えたらたった1個でした。

はじめに何個盗んだのでしょうか"

という問題だよ。さっきと同じように友里子は算数式，一郎は方程式で解いてごらん。」

「ハイ，あたしは算数で解きます。

ちょっと複雑なので図を使いながら考えてみます。うしろから考えて，

（1個＋2個）×2＝6個

これは2番目にとられた残り

（6個＋2個）×2＝16個

これは1番目にとられた残り

（16個＋2個）×2＝36個

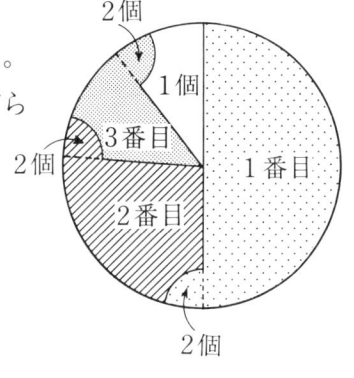

どうですか？」

はじめ　36個

「ぼくは方程式で解きます。

初め盗人が x 個のポテトを盗ったとすると，

1番目にとりあげられたのは　　$\left(\dfrac{x}{2}+2\right)$個。

このとき残ったポテトの数は　　$x-\left(\dfrac{x}{2}+2\right)=\dfrac{x}{2}-2$（個）

2番目にとりあげられたのは　　$\left(\dfrac{x}{2}-2\right)\div 2+2=\dfrac{x}{4}+1$（個）

このとき残ったポテトの数は　　$\left(\dfrac{x}{2}-2\right)-\left(\dfrac{x}{4}+1\right)=\dfrac{x}{4}-3$（個）

3番目にとりあげられたのは　　$\left(\dfrac{x}{4}-3\right)\div 2+2=\dfrac{x}{8}+\dfrac{1}{2}$（個）

このとき残ったポテトの数は

$$\left(\frac{x}{4}-3\right)-\left(\frac{x}{8}+\frac{1}{2}\right)=\frac{x}{8}-\frac{7}{2} \text{（個）}$$

これが1個に当たるので　　　　$\frac{x}{8}-\frac{7}{2}=1$

この方程式を解いて　　　　　$x=36$　　　　　答　36個

　ああ～，めんどうだった。ふつう文章題は方程式で解いた方が簡単なのでしょう。この問題はその逆だ。変な問題だナー。」

　一郎君は算数式で解くより手間どったのがおもしろくないようです。

　「あとで説明するが，友里子は"逆算"で解いたのだね。

　"インドの問題"の中には，方程式で解いた方がめんどうなものが，チョクチョク出てくるよ。

　問題に応じて解き方を考えていく力が必要だね。次はこんな問題だよ。

　"3人で1匹の猿を飼っていました。3人でマンゴーを何個か買い，別々にえさをやることにしました。

　最初の人はマンゴーを1個猿にやり，残りの$\frac{1}{3}$を自分でとって，$\frac{2}{3}$を残しておきました。

　次の人も残りのマンゴーのうち1個を猿にやり，残りの$\frac{1}{3}$を自分がとり，$\frac{2}{3}$を残しておきました。

　そして最後の1人も，いま残っているマンゴーのうち1個を猿にやり，$\frac{1}{3}$を自分がとり，$\frac{2}{3}$を残しておきました。

　さて，翌日，3人いっしょに猿のところに行き，残りのマンゴーから1個をやったところ，その残りは3人で等分に分けることができました。初め，マンゴーはいくつあったのでしょう"

　ややこしいだろう。"インドの問題"の中には，このようなくり返しのおもしろい問題が多くあるよ。ではやってごらん。」

6 "インドの問題"という文章題

「だんだん複雑な問題になってくるナ。ぼくはこんどは算数式でやるから，友里子は方程式でやって。」

「あたしだって，わざわざめんどうな方法はごめんよ。じゃあ，算数式で競争してやりましょう。」

2人は夢中でとりかかりました。

あなたも考えてみてください。ヒントとして図を示してみましょうね。最後は3等分できたので，最後に残った個数は3の倍数，つまり，3，6，9，12，……というもの，また，途中の数も1を引いたら3の倍数になっているはずです。まあ，ヒントはこれぐらいで終りとしましょう。どうやら一郎君は解けたようです。

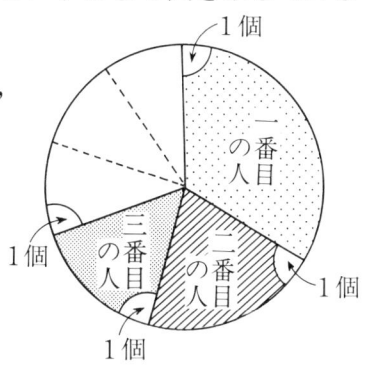

「$(a-1)$ が3で割り切れ，それが4回くり返されているので，最後に残った個数は12個（3等分すると1人4個）以上と考えられるのですが，いま仮に21個としてみます。

このとき猿に1個やっているので，22個あり，3番目の人は11個とったことになります。あと逆に逆にともどっていきます。

11個の3倍に1個をたすと34個。これの半分が2番目の人がとった個数で，その数は17個。17個の3倍に1個をたすと52個。これの半分が1番目にとった人の個数で，その数は26個。だから最初のマンゴーの数は26個の3倍に1個たすと79個。

うまくいきました。」

「お兄さんは，なぜ仮に21個として計算をしたの？」

	（初め）（追加）
1番目の人	26個＋7個
2番目の人	17個＋7個
3番目の人	11個＋7個
猿の分	4個
最初の数	79個

3 ふしぎな結果の問題

「いまは一郎が，霊感のようなヒラメキで解いてしまったね。よくいえばインドの仮定法的解法だ。これから出す問題も，なにがなんだかわからないような問題だよ。

有名なお話なので知っている人も多いけれど，2人はどうかな。遺言の問題を出そう。

"らくだ17頭をもっている人が，死ぬまぎわに次の遺言をしました。

> 17頭を次のように分けよ。
> 長男は全体の$\frac{1}{2}$をとれ
> 次男は全体の$\frac{1}{3}$をとれ
> 三男は全体の$\frac{1}{9}$をとれ

3人でらくだを分配しようとしてハタッと困りました。

17という数は2でも，3でも，9でも割れません。

そこで近くの寺院の僧侶に相談に行ったところ，自分の馬を1頭渡し，18頭にして分配しなさい，といってくれました。

3人は右のように計算し，遺言通り分けられましたが，気がつくとらくだが1頭残りました。

この1頭をもって僧侶のところにすべてうまくいきましたと，お礼に行きました。

長男	$18頭 \times \frac{1}{2}$	$= 9頭$
次男	$18頭 \times \frac{1}{3}$	$= 6頭$
三男	$18頭 \times \frac{1}{9}$	$= 2頭$
	合　計	17頭
	残　り	1頭

さて，はじめ分配できなかったのに，あとではどうして分配できたのでしょうか，というのだ。」

6 "インドの問題"という文章題

「エエ〜，ドウシテ！ ナゼ？」

友里子さんはビックリしてしまいました。1頭加えたけれど実際には残っているので，この1頭は関係ありませんね。しかし，この1頭がないとうまくわけられない。

実にふしぎなカラクリ，みごとな工夫です。これこそ，いわゆる"インドの問題の中のインドの問題"といえるでしょう。

しばらく考えていた一郎君が突然大きな声を出しました。

「このふしぎな問題のカラクリがわかった！

$\frac{1}{2}$, $\frac{1}{3}$, $\frac{1}{9}$ をたしたところ
その和が1にならないのです。

$$\frac{1}{2}+\frac{1}{3}+\frac{1}{9}=\frac{17}{18}$$

$\frac{1}{18}$，つまり1頭分を加えて計算し，あとで1頭残るんですね。」

「よく見抜いた。これの後日談があってね。隣の家で，11頭の羊をもった人が右のように遺言をして死んだのだ。11は2, 3, 6で割れないだろう。そこでこの知恵をおぼえた先の家の長男が羊を1頭貸してやったのさ。どうなったと思う。」

長 男	$\frac{1}{2}$
次 男	$\frac{1}{3}$
三 男	$\frac{1}{6}$

「1頭あとで返してもらったんでしょう？」

「そうかな，あとで計算してごらん。

次は，お金の問題なので，インドの通貨を紹介しよう。右のものは5ルピー紙幣の写真だよ。

109

(注)古いデザインの紙幣だが，2006年現在も立派に使われている。

　なにしろ言語は1600種類，公用語14種類といわれる国だから，紙幣にも10種類以上の語が書いてあるんだ。

　上のが硬貨でね。円形だけでないのがおもしろいだろう。
紙幣は1，2，5，10，20，50，100，500ルピー(INR)
硬貨は5，10，20，25，50パイサと1，2，5ルピー
100パイサ＝1ルピーだよ。」

「1ルピーというのは日本円でいくらですか？」

「およそ2.6円(2006年1月)。ふつうチップは10ルピーだ。日本だったらお礼に30円渡したら"ばかにするな！"と怒られるけれどね。」

「ところで，お金の問題というのはどういう問題ですか？」

「そうそう，少し話が脱線したね。
あるところの仲良し3人がペット用のリスを買いに行った。」

「アラ！　また3人ですか。インドのお話には3人とか$\frac{1}{3}$とか，3が多いですね。」

「そういえばそうだ，インドでは3が良い数なのかも知れない。では，問題を出そう。

"店員がペット用リスは300ルピーだといったので，3人は100ルピーずつ出すことにして300ルピーを店員に渡しました。店員は奥に引っ込んだのち30ルピーをもってきてこういいました。

6 "インドの問題"という文章題

　店の主人がこれは子どものリスなので少しまけてやれ，ということでしたので，おまけします，と。

　実は主人は50ルピーまけたのですが，店員が20ルピーをチョロマカシ，ポケットに入れてしまったのです。

　30ルピー返してもらったので3人は10ルピーずつ分けてとりました。つまり，3人は90ルピーずつ出したことになります。すると，

　　　90ルピー×3＋20ルピー＝290ルピー
　　　＿＿＿＿＿　＿＿＿＿＿
　　　3人の出　　店員の
　　　した金額　　チョロマカシ

となります。しかし，初め3人は100ルピーずつ合計300ルピー店員に渡したはずです。

　さて，10ルピーはどこへ行ったのでしょう？"

　話の内容はわかったね。では10ルピーの行方を説明してもらおうかな。」

　「話の流れはよくわかったけれど，10ルピーがどこに行ったかはどうしてもわからないワ。」

　「一郎はどうかね。」

　しばらく頭をかかえていましたが，自信なさそうに口を開きました。

　「(90ルピー)×3と店員のポケットの20ルピーとをたすのは変だと思うんですよ。別のものどうしをたしていることになるでしょう。正しくは次のように計算するのです。

　　　(250ルピー)＋(20ルピー)＋(30ルピー)＝300ルピー」

111

「お金を見たらなんでもたしていい，というものではないだろう。270ルピーと20ルピーとは関係ないお金なのさ。

ではもう1問出そう。これも遺言の問題だよ。

"あるお金持ちが，死にぎわに次のような遺言をしました。

妻よ！　あなたにはもうじき子どもが生まれる。その子がもし男の子だったら，私の遺産の$\frac{2}{3}$をその子に，残りはあなたがとれ。また，もし女の子だったら，$\frac{2}{5}$をその子に，残りはあなたがとれ。

ところが生まれたのは，男と女の双生児でした。

男の子，女の子，妻の遺産分配はどのようにしたらよいでしょうか？"

どうだい，なかなか凝った問題だろう。いかにも"インドの問題"というニオイがするね。では解いてごらん。」

「あたしが考えてみます。

比で出した方がわかりやすいから，右のようにしてみます。

これから，3つのものの比を作りましょう。

妻の方をそろえると，下のように，6:2:3になります。

これでいいんでしょう。」

「最近はこのような比の問題を学校で指導しなくなったね。大切と思うんだが——。

2つの比に対して3つの比を連比（$a:b:c$）という。

利益や遺産の分配で使ったんだね。」

```
（男の子）:（妻）= 2:1
（女の子）:（妻）= 2:3

           ⇩

（男の子）  :（妻）= 2  :1
（女の子）:（妻）=    2:3
─────────────────────
                6  :3
                2:3
─────────────────────
（男の子）:（女の子）:（妻）
          = 6:2:3
```

黎明書房

〒460-0002
名古屋市中区丸の内3-6-27 EBSビル
TEL.052-962-3045
FAX.052-951-9065／052-951-8886
http://www1.biz.biglobe.ne.jp/~reimei/
E-mail:reimei@mui.biglobe.ne.jp
東京連絡所／TEL.03-3268-3470

■価格は税[５％]込みで表示されています。

REIMEI SHOBO

黎明ニュース
新刊・近刊案内

NO.127
2006
8-10月

● 5月・6月・7月の新刊　★新刊はホームページでもご案内しています
http://www1.biz.biglobe.ne.jp/~reimei/

人気教師の国語・社会の仕事術46

石田泰照・寺本　潔著　　A5判　103頁　定価1785円
魅力的な授業づくりの"わざ"を，国語，社会科23ずつイラストを交えて紹介。4コマ漫画で起承転結／連想言葉で作文を／掛け地図指導テクニック／米のふくろを集めよう／他。

人気教師の仕事術44　忍ち4刷

寺本　潔著　　A5判　104頁　定価1785円
簡単で効果的なとっておきの技44を，学級づくり，授業術，基礎知識に分け紹介。

人気教師の算数・理科の仕事術46

正木孝昌・和泉良司著　　A5判　103頁
定価1785円　　忍ち3刷

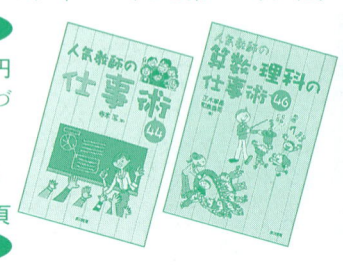

クラス担任のための
表現活動の行動計画表づくり〈0～5歳児〉

芸術教育研究所監修　平井由美子編著　　B5判　78頁
定価1995円　リズム遊びや造形等の表現活動を，各年齢の発達段階に合わせて3カ月～1年に渡って多面的に展開するための，行動計画表づくりの理論と実際を紹介。

幼児のゲームあそび①
3・4・5歳児のゲームあそび63

豊田君夫著　　A5判　145頁　定価1680円
3・4・5歳児の年齢と発達段階に即した楽しい遊びを学期ごとに体系的に紹介しました。『3・4・5歳児 ゲームあそび年間カリキュラム』改題・改版。

● 8月・9月・10月の新刊予定

諸般の事情により、刊行が遅れる場合がございますので、ご了承下さい。

ピサの斜塔で数学しよう—イタリア「計算」なんでも旅行（新装・大判化）
仲田紀夫著　Ａ５判　200頁　定価2100円　8/上刊
限りなく速く計算したいという人間の知恵と努力の跡を、楽しく探ります。

校長よ、教師たちに生きた言葉で語れ—四季を通して何を語りかけ、学び鍛えあったか
柴田一郎著　Ａ５判　152頁　定価1890円　8/上刊

幼稚園・保育園のクラス担任シリーズ⑧
クラス担任のたっぷり外あそびBEST31
グループこんぺいと編著　Ａ５判　94頁　定価1680円　8/下刊
子どもたちが思わず遊びたくなる、マニュアルなしですぐできるあそび、身近な自然を楽しむあそび、海・山・川のあそびなど、31のあそびとバリエーション。

新課程・国家資格シリーズ⑦介護概論
星野政明・守本とも子編著　Ａ５判　248頁　予価2625円　9/上刊
介護福祉士を目指す人、高齢者介護に携わる人を対象に理論と実際を詳述。介護の展開／認知症高齢者の理解と介護／介護者の健康問題とその管理／他。

クイズで解決！　英語の疑問112
石戸谷 滋・真鍋照雄著　Ａ５判　126頁　定価1575円　9/上刊
英語のキホンから文法、発音、ことわざ、和製英語、雑学、ジョークまで網羅！

タージ・マハールで数学しよう—「0」の発見と「文章題」の国、インド（新装・大判化）
仲田紀夫著　Ａ５判　197頁　定価2100円　9/中刊

小学校・全員参加の楽しい学級劇・学年劇脚本集（中学年）(仮)
小川信夫・滝井 純監修　日本児童劇作の会編著　Ｂ５判　216頁　予価3045円　9/中刊

学区と学校の力を生かすすぐに使える防犯術41(仮)
寺本 潔著　Ａ５判　100頁　予価1785円　9/下刊
「隣接の学区と連携する」「地域・地名の力で学区をまとめよう」「空間認知力で身を助ける」「学校の防犯設計は３つのチェックから」／他。

小学校・全員参加の楽しい学級劇・学年劇脚本集（低学年）(仮)
小川信夫・滝井 純監修　日本児童劇作の会編著　Ｂ５判　216頁　予価3045円　10/中刊

小学校・全員参加の楽しい学級劇・学年劇脚本集（高学年）(仮)
小川信夫・滝井 純監修　日本児童劇作の会編著　Ｂ５判　216頁　予価3045円　10/中刊

読者のおたより▶今迄に読んだ本にはない職人的な技がたくさん書かれていて，自分
した。(28歳・教員)『若い先生に伝える仲田紀夫の算数・数学授業術』定価1890円

ご案内

【第39回全国幼年教育夏季大学】
日時／平成18年8月9日(水)・10日(木)
会場／蒲郡市民会館　参加費／一般7000円　学生4000円　定員／500名
対象／幼児教育者・小学校教師・学生，他　講師／三宅邦夫・山崎治美，他
問合せ／蒲郡市役所市民福祉部児童課内『全国幼年教育夏季大学』事務局
　　　　Tel 0533-66-1107

【ふれあい体操研修会】
日時／平成18年8月10日(木)・11日(金)　会場／知多市勤労文化会館和室
内容／肢体不自由養護学校の実践から生まれたふれあい体操の基本を学びます。
問合せ／ふれあい体操実行委員会　FAX 0586-78-3651　後援／黎明書房他

【第74回子どものための遊び方研究会】
日時／平成18年8月12日(土)　10:00～15:30
会場／名古屋市公会堂4階ホール　会費／3700円　定員／100名
内容／生き生き運動遊び…遊戯研究家・三宅邦夫　遊びうたゲーム…山崎治美
　　　子どもが喜ぶ手づくりおもちゃ…有木昭久
申込み方法／〒460-8511　名古屋市中区三の丸1-6-1 中日新聞社内,中日こども
　　　　会事務局(Fax 052-221-0780)へ，住所・氏名・年齢・職業・電話番号を
　　　　ご明記の上，お申し込み下さい。会費は当日会場でお払い下さい。

【授業力がアップする！小学校教師のための「人気教師の仕事術」研修講座】
日時／平成18年8月21日(月)　9:50～16:40
会場／愛知県産業貿易館（名古屋市中区）　会費／8000円（テキスト代別）
定員／Aコース60人，Bコース60人（A，Bに内容の違いはありません）
内容／国語，算数，社会，理科の，明日からすぐ使える効果的な「仕事術（授
　　　業術）」を，作業を通して具体的・体験的に学びます。
講師／社会：寺本　潔（愛知教育大学教授）　国語：石田泰照（元・竹早教員保育
　　　士養成所講師）　理科：和泉良司（横浜市教育委員会主任指導主事）
　　　算数：正木孝昌(國學院大學栃木短期大学教授)
テキスト／『人気教師の国語・社会の仕事術46』『人気教師の算数・理科の仕事
　　　術46』（定価各1785円）＊当日必携（当日販売もあります）
問合せ／黎明書房内，人気教師の仕事術研究会　Tel 052-962-3045
　　　　Fax 052-951-8886

6　"インドの問題"という文章題

4　詩文の文章題

「"インドの問題"というのは，おもしろかったけれど難しかったわ。」

友里子さんは複雑な感想を述べました。

「ところでお父さん，詩文とか韻による数学の文章題というのはどういうものなのですか？　ちょっと見当がつかないワ。」

「では，前(P.72)に話した,数学者バースカラが愛娘の名『リーラーヴァティー』をつけた算術の章の問題をいくつか紹介しよう。

"小鹿のように揺れる眼差しをした幼きリーラーヴァティーよ。135に12を掛けたらいくつになるだろうか，いいなさい。もしおまえが，うるわしき娘子よ……"。

とあるね。

インドの子はみんな可愛い。

色は黒いが大きな瞳で，中には知的な子もいて，日本の子どもよりパッチリした愛らしさがあるんだ。つい何枚も写真をとってしまったくらいだよ。

特に女の子は可愛い。」

「お父さんは女の子に弱いからナ。」

一郎君がひやかしました。

「こんな問題もあるよ。

"友よ。9の立方，3の立方の立方，5の立方の立方を私に述べなさい。また，その立方からの平方根もいいなさい。もし，立方に関するあなたの理解が充分であるならば。」

「はじめに呼びかけるのが特徴なんですね。文章題の中に動物，植物あるいは昆虫なども登場するのでしょう。」

「そうだね。こんなのがある。

"蜂の群れからその5分の1がカダンバの花に行き，3分の1がリーンドラの花へ，またその両方の差の3倍がクタジャの花へ行った。子鹿の眼をした愛らしき娘子よ，残ったもう1匹の蜂は，ケータキーとマーラティーの花の香に同時によびかけられた男のように虚空を右往左往している。群れの量を述べなさい"

これは子豚の眼をした愛らしき友里子に解いてもらうかナ。」

「ナァーニ，子豚の眼とは——。子鹿の眼といってちょうだい。ちょっと図にしてみましょう。

全体を1と考えると，

$1 - \left\{ \dfrac{1}{3} + \dfrac{1}{5} + \left(\dfrac{1}{3} - \dfrac{1}{5} \right) \times 3 \right\}$

$= 1 - \left(\dfrac{1}{3} + \dfrac{1}{5} + \dfrac{6}{15} \right)$

$= 1 - \dfrac{14}{15}$

$= \dfrac{1}{15}$ ……これが残りの1匹に相当する。

$1 \div \dfrac{1}{15} = 15$　　全部で15匹

これでいいんでしょう。

全部を x 匹として方程式で解いてもできますが——。」

$\begin{cases} カダンバへ & 3匹 \\ リーンドラへ & 5匹 \\ クタジャへ & 6匹 \\ 右往左往が & 1匹 \end{cases}$

「ところで，これらの花はどんな花か見たことがあるかい？

"16歳の女が32ニシュカになるなら，20歳の女はいくらになるか。また2年間使役された雄牛が4ニシュカになるなら，6年間使役されたものはいくらになるか"

これはカスト制での女奴隷の売買なのだろうね。数学の内容としては比の問題だが。

6 "インドの問題"という文章題

こんな比例配分の問題もある。

"数学者よ、1を加えた50, 68, 5だけ少ない90を最初の所持金としてもつ3人の人々が、それら3つの額を合わせ、協力して商いをすることから300を得た。彼ら3人にお金を出資額に応じて分割して、それぞれの配当額を述べなさい"（答はP.186）

また、次の等差数列の問題もある。

"ある王が敵の象を奪うために、最初の日は1日に2ヨージャナ進み、その後1日あたりの道のりを増やしつつ、80ヨージャナを7日間で行軍して敵の城市に到達した。

聡き者よ、いったい彼はどれだけずつ増やして進んだのか述べなさい"

一郎解いてごらん。」

象のタクシー乗場

「難しそうですね。1日1日とスピードをあげて進んだわけでしょう。いま、増やした道のりを x ヨージャナとすると、右のようになります。

1日目	2ヨージャナ
2日目	$2+x$
3日目	$2+2x$
4日目	$2+3x$
5日目	$2+4x$
6日目	$2+5x$
7日目	$2+6x$ (+
	$14+21x$

この全部の和が80ヨージャナなので、次の方程式ができます。

$$14+21x=80$$
$$21x=80-14$$
$$21x=66$$

$$x=\frac{66}{21}=\frac{22}{7}\qquad 答\quad 3\frac{1}{7}ヨージャナ$$

できました。

なかなかおもしろい問題ですね。」

「ところで，これはどんな問題だと思うかい。

"赤鵞鳥や水鷺が水上にひしめくある池で，水から1ヴィタスティの所にみられた蓮の蕾の先端が，風にうたれてしだいしだいに動かされ，2ハスタだけ離れた点でそれ(水)に没した。数学者よ，すぐに水の深さを述べなさい"

1ヴィタスティ＝$\frac{1}{2}$ハスタで，上のことを図で示すと右のようになる。

どうかい？」

「おうぎ形の問題なの？」

「ぼく，わかった。三平方の定理の問題でしょう。

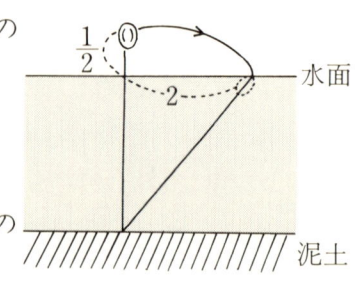

解いてみます。

いまこの深さをxハスタとすると，

△AQBの3辺の長さは図のようになります。ここで三平方の定理(P.186参考)を使って，

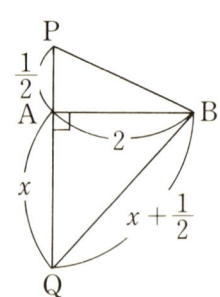

$$\left(x+\frac{1}{2}\right)^2 = x^2 + 2^2$$

$$x^2 + x + \frac{1}{4} = x^2 + 4$$

よって $x = 4 - \frac{1}{4}$

$x = 3\frac{3}{4}$ 答 $3\frac{3}{4}$ハスタ

できました。」

「中国の名著『九章算術』(1世紀)の中の第九章勾股には，"葦"の問題でこれとそっくり同じものがある。あるいはそれがヒントになっているかも知れないね。

お父さんがビックリした問題が1つあった。シヴァ神(世界破壊神)の登場するものだよ。

6　"インドの問題"という文章題

　"ロープ，鉤，蛇，小太鼓，髑髏(どくろ)，三叉戟(さげき)，寝台脚，短剣，矢，弓という10個の武器を交互にその10本の手にもちかえるとき，シヴァ神には何通りの形態の区別が生ずるか。

　また，杖，円盤，蓮，法螺貝の4つをその4本の手にもちかえる場合のヴィシュヌ神（世界維持神）についてはどうか"（答はP.187）

友里子どうかな。」

「これ順列・組合せの問題でしょう。こんな昔（12世紀）からあった内容なんですか。16世紀の確率と一緒にできた数学と思っていました。」

「インド数学を代表する『リーラーヴァティー』のおもな文章題は以上のようなものだ。

　最後に，9世紀の数学者マハーヴィーラの問題を示そう。

　"らくだの群の4分の1が森の中に見える。その群の平方根の2倍は山腹へと歩いている。そして5頭の3倍のらくだが河岸の堤に残っている。らくだの群の頭数はいくらか"。

平方根が入ってくるが，一郎なら解けるね。」

「ハイ，やってみます。いま，らくだの頭数を x 頭とすると

$\frac{1}{4}x + 2\sqrt{x} + 15 = x$

　両辺を4倍して　　$8\sqrt{x} = 3x - 60$

　両辺を平方して　　$64x = 9x^2 - 360x + 3600$

　$9x^2 - 424x + 3600 = 0$

　　$(x-36)(9x-100) = 0$

よって　$x = 36, \frac{100}{9}$ です。　　　　　答　36頭」

♪♪♪♪♪ できるかな？♪♪♪♪♪

インドの楽しい文章題に挑戦してもらいましょう。

易難の2問を出しますので，みごとに解いてください。

〔問題1〕 3人の旅人が旅館に着き，ポテトを何個か注文しました。主人がポテトを部屋にもってきたところ，3人とも疲れていて眠っていました。

そのうち，1人が目をさまし，ポテトを全体の数の$\frac{1}{3}$だけ食べてまた眠ってしまいました。その後，次の人が目をさまし，やはり残りのポテトの$\frac{1}{3}$を食べて眠り，3番目の人も目をさましたあとその残りの$\frac{1}{3}$を食べて眠りました。

このとき，お皿には8個のポテトが残っていたといいます。

はじめポテトを何個注文したのでしょうか。

〔問題2〕 昔，インドのある王様が，何人かいる王子に次のようにダイヤモンドを分けてやりました。

第1王子には，全体の中から1個とその残りの$\frac{1}{7}$

第2王子には，2個とその残りの$\frac{1}{7}$

第3王子には，3個とその残りの$\frac{1}{7}$

そして以下同様。

王子たちは，いわれた通りに順にダイヤを取りましたが，あとで調べてみたら，みな同じ個数でした。

最初，ダイヤモンドは何個あって，また，王子は何人いたのでしょうか。

象のタクシーでお城へ

7

インドの計算と教科書

1 インドの計算の特徴

「インドといえば計算王国。そしてそうさせたのが0による位取り記数法という数をもったことですね。

古代のどの民族も桁記号記数法であったため，加減はいいとしても乗除計算となるとお手あげ。そこで登場した補助計算道具が"アバクス"(算盤)であった。一方インド記数法は，記数法の構造自身が"アバクス"になっているので，乗除計算も抵抗なくスラスラこなしたのでしょう。

ところで，いまかってにスラスラといいましたが，本当はどうやって計算したのですか？」

友里子さんが質問しました。お父さんは，

「記数法と計算のつながりや発展を上手にまとめたね。

インド人は右のような板を使って計算をしたのだ。

計算で数字がいっぱいになると用のすんだものを消したわけだが，そうなるとどうしても検算が必要になるだろう。そのため"九去法"(P.122参考)が発展したし，一方場所をとらないようにするため記号も工夫された。」

30.5cm / 30.5cm
白い板に赤い粉をまき，小さい棒で書く
計算用の板(ノート)

「記号の誕生は15〜17世紀のヨーロッパではないのですか。以前，お父さんからそう聞いたけれど——。」

「＋，－，×，÷など，今日使っている記号の大部分は15世紀以後だけれど，記号を使い出したのは古代ギリシアのディオファントス（紀元3世紀），あるいはそれ以前という程古いのさ。

インドでは，等号（＝）の意味のphalamの語を略してphaとし，加法はyutaを略してyuとし，加える数はワクで囲んで示した。次のはその例だ。

$$\text{pha}\ 12\ \boxed{\begin{array}{cc}5 & 7\\ 1 & 1\end{array}\ \text{yu}} \quad \xrightarrow{\text{現代流}} \quad \frac{5}{1}+\frac{7}{1}=12$$

また，未知数にも記号が用いられ，右のように種々のものがあった。

いかにも文章題の国だね。

正は資産，負は負債で相反するものとして，線で示したりしている。」

「かけ算では将棋盤の目を使ったような方法でやったのでしょう。

右のような，ヨーロッパでは"鎧戸法"（格子掛算），中国では"鋪地錦"と呼ばれた方法で，その源はインドだと何かの本で読んだことがあります。位取りが斜め下にそろうようになっています。」

未知数

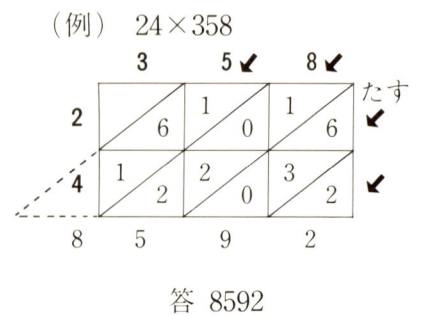

x ⋯ yâ （yâvat tivat どれほどかの意味）

y ⋯ kâ （kâlaka，黒色）

z ⋯ nî （nîlaka，青色）

u ⋯ pî （pîtaka，黄色）

x^2 ⋯ Va （Varga，群）

x^3 ⋯ gha （ghana，立体）など

「yâ kâ bha」は $x \times y$

（例）　24×358

答　8592

7 インドの計算と教科書

「いくつくり上って……とチョンチョンをつけたり，指を折っておぼえたりしないですむから簡単ですね。このかけ算の方法が世界中に広まったのは，上手な方法だったからでしょうね。

検算の"九去法"というのはどういう方法ですか？」

「インド人の発明ではないようだけれど，小さい板の上で計算する関係上，途中の式はどんどん消すので，初めからの式を見直すことができないだろう。そこで検算が必要になる。

ところがふつうの検算だと場所をとるので，特別のくふうをした検算法を用いたのだ。

その基礎になったのが9の性質の利用だね。

2人に質問だが，ある数が，次のおのおので割り切れるかどうかを，実際に割らないで判断する方法を知っているかい。

2，3，4，5，6，8，9という数だが，どうだろう。」

「はじめはあたしにいわせてね。　[ここは必ず割れる][端下が割れればよい]

　2……末位の数が偶数　　　　（例）　354　　350 ＋ 4
　4……末位2桁が4の倍数　　（例）7928　7900 ＋ 28
　5……末位の数が0か5　　　（例）1465　1460 ＋ 5
　8……末位3桁が8の倍数　　（例）5728　5000 ＋ 728

3と6と9はお兄さんにまかせるワ。」

「では，ドンと引き受けましょう。

どれも3の倍数なので，一番大きい9について調べます。

いま，42786を考えると，

42786
$= 40000 + 2000 + 700 + 80 + 6$
$= 4 \times (9999+1) + 2 \times (999+1) + 7 \times (99+1) + 8 \times (9+1) + 6$
$= 4 \times 9999 + \underline{4} + 2 \times 999 + \underline{2} + 7 \times 99 + \underline{7} + 8 \times 9 + \underline{8} + \underline{6}$
$= 9(4 \times 1111 + 2 \times 111 + 7 \times 11 + 8) + \underline{(4+2+7+8+6)}$

121

ここで式〰〰と──を考えます。〰〰はどんな数でも9とかけるので，前半は9の倍数になりますからもとの数が9で割り切れるためには──が9で割れればいいのです。

ところで──はちょうど数字の和になっていますから，一般に，"ある数が9で割り切れるかどうかは，その数の各位の数字の和が9の倍数であればよい"となります。

3も同じ，6は3の倍数で偶数であればいいのです。さっきの友里子の作った規則にそろえて書くと，

　　3……各位の数字の和が3の倍数
　　6……各位の数字の和が3の倍数で偶数
　　9……各位の数字の和が9の倍数

となります。」

「こういう数の性質をおぼえておくと，約分，通分やいろいろな計算の能率上便利だね。

さて，ある数が9で割り切れるかどうかの調べ方がわかったが，このことは同時に9で割ったときの余りがいくらかも知ることができる。

　（例）　7538を9で割った余りは

　　　$7+5+3+8=23$　さらに　$2+3=5$　余りは5

1桁になるまで数字をたしていけばいい。

右のたし算の検算で，この性質を使ってみよう。

各数を9で割った余りをそれぞれ求めて，右のようにして答も9で割り，それが等しければ，もとの計算が正しかったとするたしかめだよ。

```
                    9で割った余り
       3244  ……    4
       1023  ……    6
       8750  ……    2
      +2493  ……  + 0
      ─────      ────
      15510       12
```
9で割った余り　3　9で割った余り

7 インドの計算と教科書

では，九去法で下の計算の検算をしてごらん。

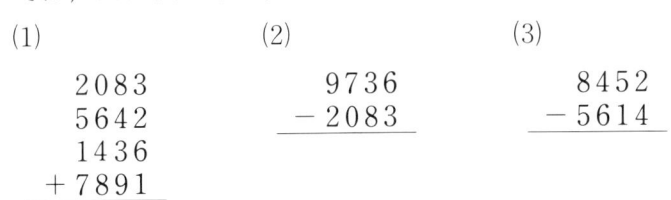

(1)
```
  2083
  5642
  1436
+ 7891
```

(2)
```
  9736
- 2083
```

(3)
```
  8452
- 5614
```

(4)
```
   376
×   25
```

(5)
```
83 ) 22742
```

以上5問だ。はい，どうぞ。」

2人は次のようにしました。あなたもやってみてください。

〔九去法〕

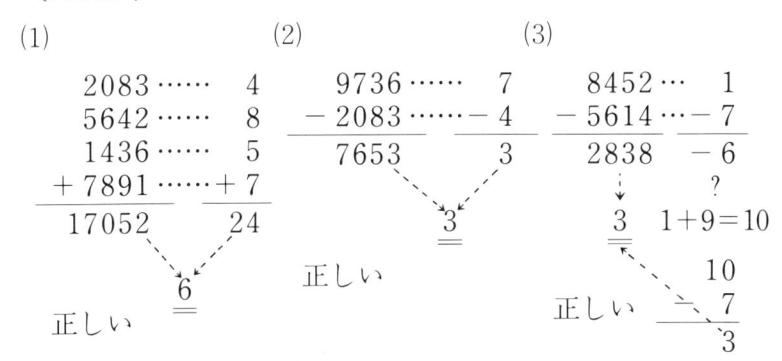

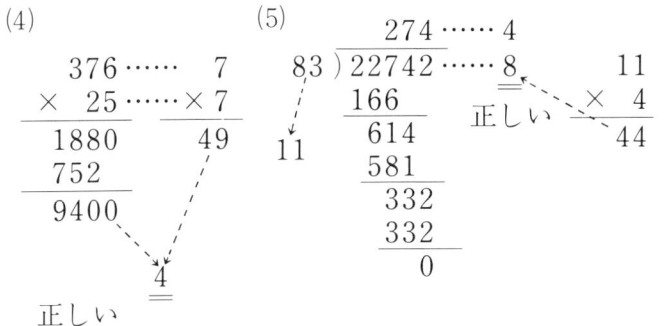

(1)
```
  2083 …… 4
  5642 …… 8
  1436 …… 5
+ 7891 ……+7
─────── ───
 17052   24
      ↘ ↙
        6
        =
正しい
```

(2)
```
  9736 …… 7
- 2083 ……-4
───────────
  7653   3
      ↘ ↙
        3
        =
   正しい
```

(3)
```
  8452 … 1
- 5614 …-7
──────────
  2838  -6
         ?
        1+9=10
        10
       - 7
       ───
         3
   正しい
```

(4)
```
   376 …… 7
 ×  25 ……× 7
 ──────────
  1880   49
   752
 ─────
  9400
      ↘ ↙
        4
        =
   正しい
```

(5)
```
        274 …… 4
  83 ) 22742 …… 8       11
       166           × 4
       ───           ───
        614    正しい 44
        581
        ───
        332
        332
        ───
          0
  11
```

2　逆算，仮定法，三量法

「インドでは文章題を解くとき，逆算や仮定法を使っている。なぜだろうか。」

「解くのに楽だからではないんですか？」

「それよりも，"等式の基本性質"を使って解く方法が，まだ知られていなかったからだよ。エジプトの『アーメス・パピルス』でも，中国の『九章算術』でも，古代の文章題解法はみな仮定法によっている。仮定法の解き方はあとで説明しよう。

逆算については，あの『リーラーヴァティー』にこんな問題がある。

"輝く目をもっている美しい乙女よ。そなたは逆算の正しい方法を知っているか，知っているならば私にいってみなさい。

1数あり，これを3倍してその$\frac{3}{4}$を増し7で割り，商の$\frac{1}{3}$を引き，それを平方して52を引き，その平方根を求め，8を加えて10で割ったところ2が得られたという。もとの数は何ほどか"

というのだが，輝く目をもっている乙女の友里子どうかな。」

「逆算で解くのね，ほめてくれたのでガンバルわー。

$$\left\{\boxed{1数}\times 3+\left(\boxed{1数}\times 3\times\frac{3}{4}\right)\right\}\div 7=(商)，さらに$$

$$\left[\sqrt{\left\{(商)-(商)\times\frac{1}{3}\right\}^2-52}+8\right]\div 10=2$$

問題通り書くとこんな風になるけれど，ずいぶんめんどうな問題を考えたものね，この式をあともどりしながら計算していけばいいのでしょう。ピッタリした答が出るのか心配だわ。

$2\times 10-8=12,\ 12^2=144\quad 144+52=196$

$\sqrt{196}=14$　つまり　(商)－(商)$\times\frac{1}{3}=14$　です。

ここで　$14\div(1-\frac{1}{3})=21,\ 21\times 7=147$　これが$\left\{\quad\right\}$。

{ }内で $\boxed{1\text{数}} \times 3 \times 1\dfrac{3}{4} = \boxed{1\text{数}} \times \dfrac{21}{4}$ なので,

$147 \div \dfrac{21}{4} = 147 \times \dfrac{4}{21} = 28$ 　　　　　　答　28

アアー, くたびれた。これで正解でしょう。」

「はい, ご苦労さま。逆算で解くのも大変だね。x を使った方程式で解いてもあまり差はないよ。一郎, 式を立てて計算してごらん。」

「1数を x とすると, 途中省略しながら式を作ると,

$$\left\{\sqrt{\left(3x \times 1\dfrac{3}{4} \times \dfrac{1}{7} \times \dfrac{2}{3}\right)^2 - 52} + 8\right\} \times \dfrac{1}{10} = 2$$

( )内は $\dfrac{1}{2}x$。これから $\left\{\sqrt{\left(\dfrac{1}{2}x\right)^2 - 52} + 8\right\} \times \dfrac{1}{10} = 2$

$\sqrt{\dfrac{1}{4}x^2 - 52} = 12$

両辺を平方して

$\dfrac{1}{4}x^2 - 52 = 144$

$\dfrac{1}{4}x^2 = 196$

$x^2 = 784$

$x = \pm 28$ (負は成り立たない)　　　　答　28

二次方程式になりましたが, めんどうでした。」

「もう1問やってみよう。

"ある数を5倍し, その3分の1を引き, 10で割り, 原数の3分の1, 半分, 4分の1を加えると, 2だけ少ない70になる。原数は何か"

逆算と方程式で解いてごらん。」

友里子さんは逆算で，一郎君は方程式で解きはじめました。

〔逆算〕　　　　　　　　　　　｜〔方程式〕
ある数を1とすると　　　　　　｜原数を x とすると
$\left(1\times 5-\dfrac{5}{3}\right)\times \dfrac{1}{10}$　　　　　　　｜$\left(5x-\dfrac{5x}{3}\right)\times \dfrac{1}{10}$
　$+\left(\dfrac{1}{3}+\dfrac{1}{2}+\dfrac{1}{4}\right)$　　　　　　｜　$+\left(\dfrac{x}{3}+\dfrac{x}{2}+\dfrac{x}{4}\right)=68$
$=\dfrac{1}{3}+\dfrac{13}{12}$　　　　　　　　　　｜これを解くと，
$=\dfrac{17}{12}$　　　　　　　　　　　　｜$\dfrac{1}{3}x+\dfrac{13}{12}x=68$
68が $\dfrac{17}{12}$ に相当するので　　　　｜両辺に12をかけて
$68\div \dfrac{17}{12}=48$　　答　48　　｜　$4x+13x=816$
この方法は逆算なのかな？　　　｜　　　$17x=816$
　　　　　　　　　　　　　　　｜　　　　$x=48$　　答　48

「よくできたね。

　これらとは別の解法がある。それが古代で有名な"仮定法"だ。

　この解法は適当な値を答と仮定し，実際とのズレをあとで調整して，本当の答を得る方法でね。ではやってみせよう。

〔仮定法〕

いま，3を答と仮定すると，

　5をかけて15。これの $\dfrac{1}{3}$ を引くと10，この10を10で割ると1となる。ここで

　　$1+\dfrac{3}{3}+\dfrac{3}{2}+\dfrac{3}{4}=\dfrac{17}{4}$

　68の3倍が $\dfrac{17}{4}$ に相当するので

　　$(68\times 3)\div \dfrac{17}{4}=48$　　　　　　答　48

仮定法も捨てたものではないだろう。

　計算しやすい数を仮定して，あとで調整すればいいのだから楽な計算法といえるね。」

7 インドの計算と教科書

「せっかくだから，この"仮定法"で解いてみたいので1問出してください。あまり難しくない問題を——。」

「ではこれまた『リーラーヴァティー』より出そう。

"ある巡礼人がブラヤーガで所持金の半分を，またカーシーで残りから9分の2を，それぞれ布施し，道で通行税のために残りの4分の1を与え，さらにガヤーで残りから10分の6を布施したら，63ニシュカが残った。彼はそれをもって自分の家に向かった。彼の最初の所持金の量を述べなさい"

という問題だ。」

「お父さん，あたしは方程式で解いてみます。」

〔仮定法〕

いま，答を72と仮定すると，
（理由は2，4，9があるから）

ブラヤーガ　　$72 \times \dfrac{1}{2} = 36$
　　　残金　　$72 - 36 = 36$
カーシー　　　$36 \times \dfrac{2}{9} = 8$
　　　残金　　$36 - 8 = 28$
通行税　　　　$28 \times \dfrac{1}{4} = 7$
　　　残金　　$28 - 7 = 21$
ガヤー　　　　$21 \times \dfrac{6}{10} = \dfrac{63}{5}$
　　　残金　　$21 - \dfrac{63}{5} = \dfrac{42}{5}$

さて，63の72倍が$\dfrac{42}{5}$に相当するので

$(63 \times 72) \div \dfrac{42}{5} = 540$

　　　　　答　540ニシュカ

〔方程式〕

最初の所持金をxニシュカとすると，

$$x \times \left(1 - \dfrac{1}{2}\right) \times \left(1 - \dfrac{2}{9}\right) \\ \times \left(1 - \dfrac{1}{4}\right) \times \left(1 - \dfrac{6}{10}\right) = 63$$

これを解いて

$$x \times \dfrac{1}{2} \times \dfrac{7}{9} \times \dfrac{3}{4} \times \dfrac{4}{10} = 63$$

$$\dfrac{7}{60}x = 63$$

よって　$x = 540$

「もう1つの"三量法"というのは何ですか？」

「これは別名"三数法"，"三の法則"などといい，実は現在の教科書にも重要内容として存在しているよ。

これには右の3つの系統がある。

3つの数の関係という流れと3つの数から第4の数を求めるというのがある。

では2問考えてみることにしよう。

三量法 ─┬─ 比の三用法　$a \times b = c$
　　　　├─ 比例，反比例　$y = ax$　$y = \dfrac{a}{x}$
　　　　└─ 比例式　$a : b = c : x$

"もし，サフランの2バラ半が$\dfrac{3}{7}$ニシュカで得られるならば，9ニシュカでどれだけのサフランが得られるか。

すぐれた商人よ，すぐ私に述べなさい。"

というんだが──ニシュカというのはお金の単位だよ。」

「あたしが解きます。

xバラのサフランが得られたとすると，比例式

$2.5 : \dfrac{3}{7} = x : 9$　ができます。これを解いて

$\dfrac{3}{7} x = 9 \times 2.5$　　$x = \dfrac{105}{2} = 52.5$　　　　答　52.5バラ

できました。」

「こんな問題もあるよ。

"1か月で元金100に対して利息が5となるなら，1年が経過したとき元金16に対して利息は何ほどか。数学者よ。"

昔は単利法だったね。13世紀のイタリアで複利法が考えられたといわれている。いわゆる銀行の誕生だ。」

「これは（元金）×（利率）＝（利息）が基本で，3つの数の関係になっているのでしょう。

1か月で元金100に対して利息が5のとき1年間では利息は $5\times12=60$。つまり年利率は $\frac{60}{100}=0.6$, 6割です。

問題は元金16に対しての1年間の利息だから，利息を x とすると $1:0.6=16:x$　よって　$x=16\times0.6=9.6$

<u>答　9.6</u>

これは比例式でなくても $16\times(利率)$ で計算できますが。」

「少し変った問題を出そう。物々交換の問題だよ。12世紀のバースカラの時代でもこういうことがあったのか，それとも数学用にわざわざ作ったのか，ちょっと興味があるね。

　"この市場では，1ドランマでマンゴウの実300個が得られ，1パナで上等なザクロの実30個が得られるとするなら，マンゴウ10個により，それとの交換でいくつのザクロが得られるか。友よ，すぐ述べなさい。"

　ただし，1ドランマ＝16パナ。

　パナもドランマもお金の単位だね。これは16進法，もっとも中国でも1斤＝16両という16進法がある。」

「インドではいろいろなお金の単位があるんですね。これまでにもずいぶん出てきたし。

　いま，交換で x 個のザクロを得たとすると，次の比例式ができます。

$\quad 300:(30\times16)=10:x$

よって　$300x=10\times(30\times16)$

$\qquad x=16$　　　　　　　<u>答　16個</u>

簡単にできました。考えてみると，ずいぶんいろいろな場面で三量法が登場してくるのですね。」

3 インドの算数教科書

「お父さんの外国旅行というと，いつもほとんどお土産がなくて，算数・数学の本や教科書ばかりですね。」

荷物の中から教科書の束を見つけた友里子さんがいいました。

「それはそうだよね，お父さん。観光ではなくて研究旅行なんだから。

ところでインドの学校数学のレベルはどうなんですか？」

「今回は学校見学はできなかったから直接にはわからないが，レベルは教科書で想像がつくよ。なかなか進んでいる。

上の写真でわかるように，
MODERN SCHOOL MATHEMATICS

とあり，"MODERN"を強張している。日本でいう現代化数学だよ。発行年は1986年（著者，インド旅行時）になっているからその時の最新版だ。」

「アラッ，この教科書は小学生用でしょう。ふつうならARITHMETIC（算数）とあるところなのに，なんでMATH-EMATICS（数学）なんですか？」

「おもしろいことに気づいたね。教科書は"数学"とあるのに一緒に買った練習帳には"算数"と表題に書いてあるよ。

7 インドの計算と教科書

　日本の数学ルーツ国である中国でも，右のように小学校から"数学"だ。
　そうなると，算数と数学とはどうちがうのか？　という問題になるが，2人はどう考えるかい。」
　「そうあらたまって質問されると難しいワ。
　中学校の数学になると，
　(1)文字や文字式計算が中心になる
　(2)方程式がある
　(3)負の数が入る
　(4)図形の性質について説明，証明をする
　(5)図形で記号∥，⊥，∠などが入る

中国の小学校教科書

などを新しく学ぶことになります。抽象的になる点など，小学校の算数より1段上ですね。ハッキリと。」
　「文字は小学校5年生から入るし，図形の性質の"ナゼか？"もその頃だから，小学校5年生から"数学"と呼ぶべきだという主張もある。しかし一度きめられたことの変革はなかなか難しいものだ。日本の場合，中学に進んだら算数が数学になり，少しえらくなったような感じがするのもいいだろうから，"算数"という用語も捨て難いね。
　算数も昭和15年以前は"算術"といわれていた。昔は剣術，柔術，忍術なんかと同じ"術"だったわけだ。
　さて，そろそろインドの教科書の内容を紹介するとしようか。
　小学校1年生の教科書はカラー版で，ゆったりできている点では日本と同じだね。2年生から6年生までそれぞれ1つずつぐらい特徴的なものをとりあげてみよう。」

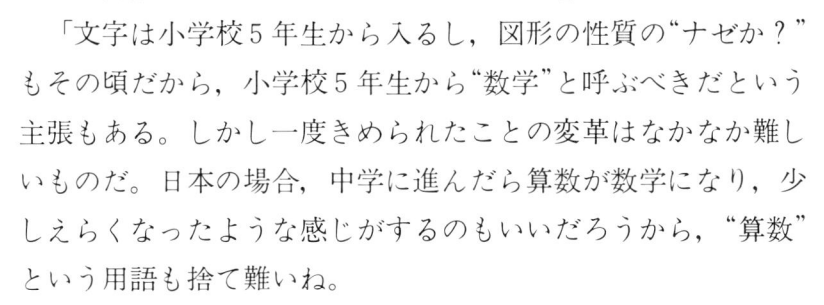

「これは"第10章かけ算とわり算"でしょう。」

「日本人が計算が早くできる大きな理由に，九九がおぼえやすいからだ，というのがある。そこでインドでは九九をどうやって教えているか見てみよう。

$2 \times 3 = 6$ をよぶのに，

Tow times three is 6

というようだね。

ニサンガロクの方が早い。」

「このページの絵は古代エジプト数字ですね。

インドでもエジプト数字を教えるのですか，おもしろいナー。」

「小学校6年の初めのページだけれど，日本でも以前

```
Study the set-pictures.
Then fill in the blanks.
(A) How many sets of squares ? ........
    How many squares in each set ? ........
    How many squares in all ? ........
    2 threes are ........
    We write 2×3=☐
    We say : Two times three is 6.
(B)
    How many boxes of balls are there ? ........
    How many balls are there in each box ? ........
    How many balls are there in all ? ........
    3 fours are ........
    We write 3×4=☐
    We say three times four is ........
```

2. Ancient Egyptian Numerals

The early Egyptians, however, preferred not to repeat the ones and they used single pictures for big numerals. For example, the Egyptians used the single symbol "∩" for ||||||||| (10). The picture is that of a heel bone. The adjoining chart shows the other Egyptian numerals.

	1	10	100	1000	10,000	100,000	1,000,000
	Stroke	Heel Bone	Coiled rope	Lotus Flower	Pointed finger	Fish	Astonished Man

Here are some numerals :
(a) ∩∩∩∩||| stands for
      || $10+10+10+10+1+1+1+1+1=45.$

(b) ∩∩∩99 stands for
            $30+200$ or $230.$

(c) ዩ   stands for 1000
   ∩   +   10
   | +   1   or 1011

From these examples we conclude that they used two rules :
(a) Each numeral names the sum of the numbers named by the symbols. Basic symbols are repeated.
(b) The location of a symbol in a numeral does not alter its meaning.

〔注〕 | ∩ 9 ዩ 𓆸 𓆟 𓁶
一回 かかとの骨 巻いたひも 蓮の花 ゆびの先 魚 驚いた人

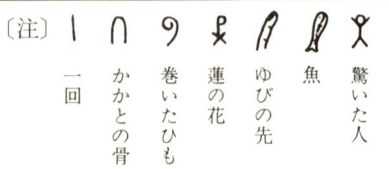

は教えていたよ。2人ともこれ位の英語なら読めるだろう。

問題をあとで解いてごらん。

エジプト数字の説明があるが、全部が正しいとはいえないね。」

「右はなぜとりあげたのですか。」

「右の2ページは、同じ小学校5年の本からだよ。

ベン図は集合の内容だから20世紀の数学、エラトステネスの篩（ふるい）は紀元前3世紀の内容。大変新しいものと大変古いものが同じ学年でとりあげられているので、ちょっとおもしろく思えたね。

ではベン図を友里子、エラトステネスを一郎やってごらん。」

Exercise 15

Use the diagrams to help you name the union of the set in the following:

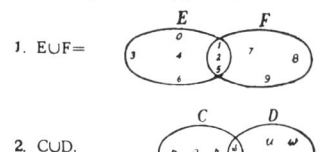

1. E∪F=

2. C∪D.

3. Name the union of the following pair of sets:
   A={odd numbers less than 10} and
   B={counting numbers less than 8}.
   (Hint. List A and B first.)
   Find C∪D and write the elements.

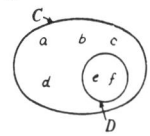

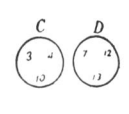

4.   5.

---

2. **Numbers with only 2 Factors—Primes**

   Each of the numbers 2, 3, 5, 7, 11, 13, has only 2 factors, itself and one. Such numbers are called prime numbers.

3. **The Sieve of Eratosthenes** (about 230 B. C.)

Eratosthenes gave us a method of finding primes.
$2=1\times2$ $3=1\times3$
$5=1\times5$ $7=1\times7$
$11=1\times11$ $13=1\times13$

List the numbers between 1 and 100 like this:

1	2	3	4	5	6	7	8	9	10
11	12	13	14	15	16	17	18	19	20
....	....	....	....	....	....	....	—	....	....
91	92	93	94	95	96	97	98	99	100

Cross off 1. Cross off all the multiples of 2, except 2; all the multiples of 3 except 3; all the multiples of 5 except 5 and so on.

〔ベン図〕

　ベン図（P.24参考）を使って次の結び（∪，和集合）の要素を書けということなので，

1．E∪F＝{0 1 2 3 4 5 6 7 8 9}
2．C∪D＝{$b\ p\ q\ r\ s\ t\ u\ w\ x\ y\ z$}
3．次の2つの集合の結び(和集合)の要素をかけ。
　　A＝{1 3 5 7 9}，B＝{1 2 3 4 5 6 7 8}
　　(ヒント，まずA，Bのリストを)
　　A∪B＝{1 2 3 4 5 6 7 8 9}
　　C∪Dを見出し，要素をかけ。
4．C∪D＝{$a\ b\ c\ d\ e\ f$}
5．C∪D＝{3 4 7 10 12 13}
　〔注〕集合ではダブったものは1つと考える。

〔エラトステネス〕

3．エラトテネスの篩(紀元前230年頃)
　エラトステネスは素数を見つける方法によった。
　　2＝1×2　　　3＝1×3　　　5＝1×5
　　7＝1×7　　11＝1×11　　13＝1×13

このように，1と100の間の数のリストで，
　　　(リスト略)
1を除き，2以外の2の倍数すべてを除き，3以外の3の倍数すべて，5以外の5の倍数をすべて除くというようにする。

　「アラ，これは魔方陣じゃあないの？　インドの教科書ではこういう数学パズルも入っているのね。進んでるナー。」
　「一郎，ひとつ意訳してごらん。」
　「ハイ，まずTotal of rowsは列の合計，Total of columus

```
                        Paper 6
    Time : 40 Minutes
                                    Total of rows.
        1.                      ┌─────────────┐
                                │ 6 │ 7 │ 2 │15│
                                │ 1 │ 5 │ 9 │15│
                                │ 8 │ 3 │ 4 │15│
                                └─────────────┘
    Total of columns.           │15 │15 │15 │15│

        When we add the horizontal, vertical and the diagonals, the sum of
    the numerals is the same ; these numerals form a magic square.
        In olden days people thought a magic square had lot of healing powers.
    They would write a magic square and keep it in an amulet.
        (i) Say which of the following form a magic square :

                ┌─────────┐                      ┌─────────┐
           (a)  │ 4 │ 9 │ 2 │                (b) │ 7 │ 5 │ 8 │
                │ 3 │ 5 │ 7 │                    │ 3 │ 2 │ 1 │
                │ 8 │ 1 │ 6 │                    │ 5 │ 8 │ 6 │
                └─────────┘                      └─────────┘

                                                 ┌─────────┐
        (ii) Form a magic square where each sum is 18.  │   │ 6 │   │
                                                 └─────────┘
```

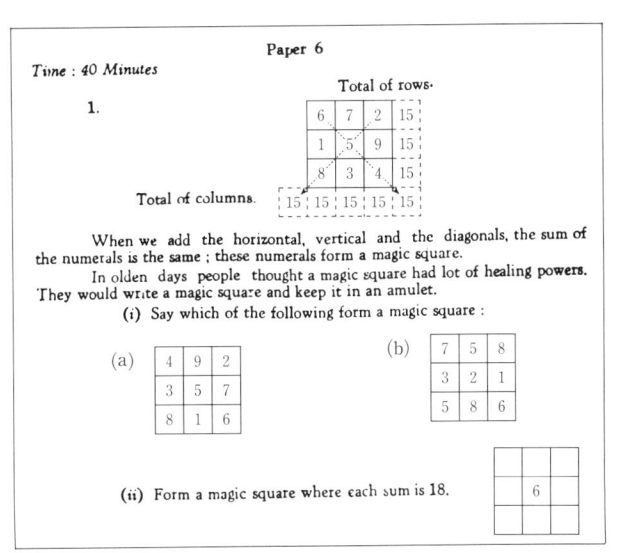

は行(段)の合計です。いずれもそれぞれの数の和が等しいということですね。ついでに対角線(┄→)上の数の和も15で等しい。

まず，魔方陣の概要を図で説明しています。

"水平，垂直，対角線を加えたとき，数の合計が同じである。これらの数の形が魔方陣である。

大昔の人々は，魔方陣には魔除けの力があると考えた。彼らは魔方陣を書き，お守りとした。"

(i) 次の形のうち，どちらが魔方陣かいえ。

　横，縦，斜めを加えてすべて等しいものを探すと(a)

(ii) それぞれの和が18であるような魔方陣の形にせよ。

　答は右の図

3	8	7
10	**6**	2
5	4	9

ざっとこんなところですが，いいですか。ただ，魔方陣はふつう1～9の9数字を使うのではありませんか？」

「いやそうともきまっていない。奇数だけとか，0～8，素数だけなど，いろいろなきめ方がある。さて，次のもおもしろいだろう。」

> **MORE ABOUT 2-DIGIT MULTIPLIERS**
>
> Study the examples :
>
> (A) $23 \times 46 = (20 \times 46) + (3 \times 46) = (3 \times 46) + (20 \times 46)$
>
> ```
>   Step 1      Step 2       Step 3
>   ┌──           ┌──           46
>   │46           │46          ×23
>   ├──           ├──          ───
>   2│3           2│3          138
>   ───           ───          920
>   138           138          ────
>              →920            1058
> ```
>
> $3 \times 46 = 138$; $20 \times 46 = 920$; $138 + 920 = 1058$.
>
> (B) $63 \times 75 = (60 \times 75) + (3 \times 75)$
> $= (3 \times 75) + (60 \times 75)$.
>
> ```
>   Step 1      Step 2       Step 3
>   ┌──           ┌──           75
>   │75           │75          ×63
>   ├──           ├──          ───
>   6│3           6│3          225
>   ───           ───         4500
>   225           225          ────
>              →4500           4725
> ```
>
> $3 \times 75 = 225$; $60 \times 75 = 4500$; $225 + 4500 = 4725$.
>
> This method is called multiplication algorithm.

「2桁どうしの数のかけ算ですね。何年生ですか？」

「小学校3年生だよ。ナント計算の国インドらしく"アルゴリズム"という用語がでてきている。

2桁どうしの数のかけ算を，ていねいに順序よく指導しているだろう。この手順をアルゴリズム(流れ図)という。」

「アルゴリズムはコンピュータ用語でしょう。コンピュータに仕事の命令をするのに使用するものですね。ごく最近の用語でしょう。」

「そう思っている人が多いが，大もとは紀元前3世紀のユークリッドの発明，そして名称は9世紀のアラビアからで，実に古いものさ。古い考えが，新しい機械に利用されているんだからなかなかおもしろい。この例から考えても，古い数学だっていつ新しいものとして生き生きとしてくるかわからないよ。」

「そのアルゴリズムについて，くわしくお話してください。」

「あとで"アラビアの数学"(第8章)について話をするから，

7 インドの計算と教科書

そのときに説明しよう。

では、もう1例とりあげよう。市販の算数練習帳からのものだ。問題形式がおもしろいだろう。考えてごらん。」

「日本の練習問題とちがって、文章が入っているんですね。○には＝や＜，＞を入れ、☐には数を入れるのでしょう。

26tens，9ones とか Rs3˙50 とかは何ですか。」

```
Date............        Marks obtained ☐
          Exercise 49
(1)  6 × 31 ◯ 136
(2)  Take away 5 threes from 185 = ☐
(3)  What is the difference of 6 × 8 and
     5 × 7 ? ☐
(4)  999 + 99 + 9 = ☐
(5)  ½ of 36 = ☐
(6)  ☐ = 26 tens + 9 ones
(7)  (7×2) + (9 × 4) = ☐
(8)  ☐ = 130 – 12
(9)  4000 – 100 – 10 = ☐
(10) ☐ fifty-paisa coins make Rs 3˙50
Corrections
```

あなたも適当に判断してやってみてください。（答は P.188）

4 インドの数学教科書

「次は，中学校，高等学校の数学について調べてみよう。

小学校の教科書もそうだけれど，1986年発行の最新のもの（著者，旅行時）を見て，次のようなことを考えたね。

(1) 日常語はヒンドゥ語だし，町の文字もヒンドゥ語（右のように英語併記）なのに，教科書は英語になっているのは，この本がレベルの高い子ども向けであると考えられる。

『タージ・マハール』の入口の注意書き"この場所から先の撮影禁止"

(2) 内容はレベルが高いだけでなく，最新の"数学教育現代化"の方向によっている。
（これは1960年頃から世界規模で広まったが，15年後には各国で失敗した。）

(3) 数学は表現，記号など世界共通であるが，インド独特（他の国にもあるが）の方法，記号を用いているものがある。
たとえば，次のようである。

$$\begin{array}{ll} 小　数 & 3\cdot76 \\ 百分率 & 12\% = \cdot12 \\ 負の数 & -\dfrac{2}{5} = \dfrac{-2}{5} \end{array} \qquad \left\{\begin{array}{l} \angle ABC は角の位置 \\ m\angle ABC は角の大きさ \\ \equiv （合同）は \cong \end{array}\right.$$

〔注〕インドでも学年や教科書によって多少異なる。

さて，中学校以上の数学となると，パズルも数学史もなくガッチリとした形でできている。

では興味ある何ページ分かを紹介しよう。

7 インドの計算と教科書

右は中学1年の負の数のところで、"減法の結合法則が成り立たない"説明だね。ホラ！マイナスの記号や小数点の記号のつけ方が日本とちがうだろう。」

> What do you observe ?
> Subtraction is not commutative in the set of rational numbers.
> Let us now see if subtraction of rational number is associative.
>
> $\left(\dfrac{2}{3}-\dfrac{4}{5}\right)-\dfrac{3}{4}$
> $=\left(\dfrac{10}{15}-\dfrac{12}{15}\right)-\dfrac{3}{4}$
> $=\left(\dfrac{10-12}{15}\right)-\dfrac{3}{4}$
> $=\dfrac{-2}{15}-\dfrac{3}{4}=\dfrac{-2}{15}+\dfrac{-3}{4}$
> $=\dfrac{-8}{60}+\dfrac{-45}{60}$
> $=\dfrac{(-8)+(-45)}{60}=\dfrac{-53}{60}$
>
> $\dfrac{2}{3}-\left(\dfrac{4}{5}-\dfrac{3}{4}\right)$
> $=\dfrac{2}{3}-\left(\dfrac{16}{20}-\dfrac{15}{20}\right)$
> $=\dfrac{2}{3}-\left(\dfrac{16-15}{20}\right)$
> $=\dfrac{2}{3}-\dfrac{1}{20}=\dfrac{2}{3}+\dfrac{-1}{20}$
> $=\dfrac{40}{60}+\dfrac{-3}{60}$
> $=\dfrac{40+(-3)}{60}=\dfrac{37}{60}$
>
> So $\left(\dfrac{2}{3}-\dfrac{4}{5}\right)-\dfrac{3}{4} \neq \dfrac{2}{3}-\left(\dfrac{4}{5}-\dfrac{3}{4}\right)$.
>
> Similary you can verify that
> $(4\cdot47-3\cdot15)-2\cdot74 \neq 4\cdot47-(3\cdot15-2\cdot74)$

「そうですね。"等しくない(キ)"も反対の≠になっています。お父さん、こちらはなんですか？」

「ぼく知っているよ。平方根の値、つまり開平の方法ですね。

> The following examples will illustrate the method.
> Example 1. Find the square root of 492·84.
>
> ```
>           2│ 2│ 2
>       2│4 92·48
>        │4
>      42│  29         ←──（注・92の誤植）
>        │  84
>     442│   8 84
>        │   8 84
>        │     ×
> ```
> ∴ $\sqrt{492\cdot84} = 22\cdot2$.
>
> Note. The decimal point in the square root is placed just before bringing down the first period from the decimal portion.

日本の教科書ではとりあげていないでしょう。」

「そうだね。しかし知っていた方がつごうがいいよ。いつも手もとに平方根表があるというわけではないからね。

これを参考にして、次の数の平方根を求めてごらん。

　(1)　196　　(2)　5625　　(3)　4165681　　(4)　2　」

　（答はP.189）

「ウワー，数学の記号と図で圧倒されますね。これは何年生ですか？」

「Book Ⅷ だから，中学校の2年生。ずいぶんレベルが高い

---

i.e., the operation of union is distributed over the operation of intersection of sets.

2. (*a*) Find $X \cap (Y \cup Z)$. We know $Y \cup Z = \{a, c, d, e, f, g\}$
$X \cap (Z \cup Z) = \{a, b, c, d\} \cap \{a, c, d, e, f, g\}$
$= \{a, c, d\}$

(*b*) Find $(X \cap Y) \cup (X \cap Z)$.
We know $X \cap Y = \{a, d\}$
$X \cap Z = \{a, c\}$
therefore, $(X \cap Y) \cup (X \cap Z)$
$= \{a, d\} \cup \{a, c\}$
$= \{a, c, d\}$.

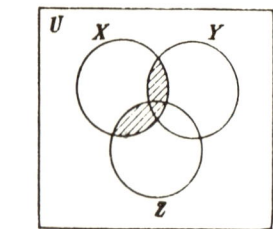

Thus we get $X \cap (Y \cup Z) = (X \cap Y) \cup (X \cap Z)$

i.e., the operation of intersection is **distributed** over the operation of union of sets.

15. Complementation

Now we shall study another idea about sets.
Let $U = \{1, 2, 3, 4, 5, 6, 7, 8, 9\}$
and $A = \{3, 5, 7, 9\}$.

Set A is a proper subset of this universal set. There are members of U which are not members of A. These are $\{1, 2, 4, 6, 8\}$. We say these remaining members form another subset $\{1, 2, 4, 6, 8\}$ called the "complement of A" or "not A". The symbol for the complement of a set A is A'. Clearly,

$$U = A \cup A'$$

---

6. System of Linear Inequalities.

Let us graph $y > 3 - x \wedge y < x + 2$.

Firstly, draw the lines of the associated equations.

$y = 3 - x$ and $y = x + 2$. Draw dashed lines.

Secondly, shade the region to represent $y > 3 - x$ which will be the half plane above the line.

Thirdly, shade the region to represent $y < x + 2$.

Fourthly, state the solution set which satisfies both the inequalities. In this case, it is the intersection of the two shaded regions, excluding points on the rays PQ and PR.

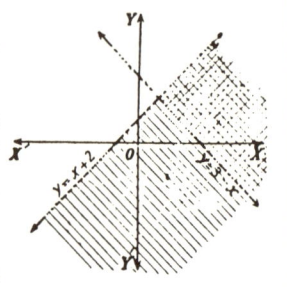

だろう。いちいちやっていくと大変だから,"インドの中学生はがんばっているよ"という意味で見るだけにしよう。

さっきもいったように,現代化数学がガッチリ入っている。」

12.7. Ordered Pairs

Example 1. The relation shown in the diagram can be represented by a set of ordered pairs
[(a, x), (a, y) (b, z) (c, p)].

Example 2. The relation A→B be written down as {(1, 1), (1, 2), (2, 3), (3, 4)} in the Roster form.

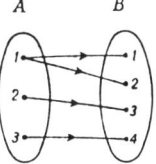

You will learn to write this in set builder form in the higher classes.

Exercise 66

1. Write down in the set-form the relations :

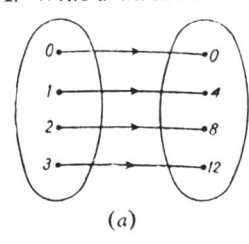

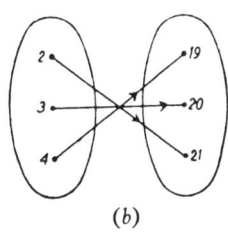

(a)　　　　(b)

13.1. Introduction

In Mathematics the term matrix is used for a rectangular array of numbers written with large brackets. Examples of matrices are :

$$\begin{pmatrix} 3 & 6 & 9 \\ 1 & 2 & 3 \end{pmatrix} \quad (a \quad b \quad c) \quad \begin{pmatrix} 5 \\ 6 \\ 7 \end{pmatrix} \quad \begin{pmatrix} a & c \\ b & d \end{pmatrix}$$

(i)　　　(ii)　　　(iii)　　(iv)

Such arrays which are more commonly known as 'tables' are seen in every day life. For example a shopkeeper decides to display his sale in the following way :

	Monday	Tuesday	Wednesday
Note Books	20	30	40
Pencils	50	20	10
Pens	10	5	20

This could be simplified and as written as :

$$\begin{pmatrix} 20 & 30 & 40 \\ 50 & 20 & 10 \\ 10 & 5 & 20 \end{pmatrix}$$

(v)

「12.7.は対応関係（写像），13.1.は行列ですね。インドの中学生の問題に挑戦してみたいので，1，2問出してください。」

「オヤ？　友里子にしては意欲的だね。サァー出しますよ。これはn進法で表された数を10進法で表す問題だよ。」

「問題4のTE9$_{12}$って何ですか？」

---

1. Number Bases

　　　In the previous classes, you have learnt about counting in different bases. Normally we count in the Denary base (the base of ten) but the other bases include the Binary (base 2), Octal (base 8) and Duodecimal (base 12). In the denary scale the number 345 mean 3 hundreds, 4 tens and 5 units, but if we write 345$_8$ (i.e., in the octal) this means 3 sixty fours, 4 eights and 5 units which in denary is 229$_{10}$.

Conversion to Denary

　　Example.　302$_5$＝3×5^1＋0×5＋2＝82$_{10}$
　　　　　　32112$_4$＝3×4^4＋2×4^3＋1×4^2＋1×4＋2
　　　　　　　　　　＝3×256＋2×64＋1×16＋4＋2＝918$_{10}$
　　　　　　3T9$_{12}$＝3×12^2＋T×12＋9
　　　　　　　　　　＝3×144＋10×12＋9＝561$_{10}$.
　　Note that in base 12, T means 10 and E means eleven.

Exercise 60

Write in denary the following numbers :
1. 264$_8$.　　2. 312$_5$.　　3. 2243$_6$.　　4. TE9$_{12}$.
5. 10111$_2$.　6. 20112$_8$.　7. EE2$_{12}$.　8. 216$_9$.
9. 40013$_5$.　10. 2003$_4$.

「12進法では12個の記号が必要だろう。そこで10（T），11（E）の記号を使うのさ。1〜4をやってごらん。」（P.45参考）

「これは簡単ですからあたしがやります。

1．$264_8 = 2 \times 8^2 + 6 \times 8 + 4 = 180_{10}$

2．$312_5 = 3 \times 5^2 + 1 \times 5 + 2 = 82_{10}$

3．$2243_6 = 2 \times 6^3 + 2 \times 6^2 + 4 \times 6 + 3 = 531_{10}$

4．$TE9_{12} = 10 \times 12^2 + 11 \times 12 + 9 = 1581_{10}$　です。」

---

5. Shade the portion of the Venn diagram to represent

　(a) (A ∪ B) ∪ C,
　(b) (A ∩ B) ∪ C,
　(c) (A ∩ B) ∩ C,
　(d) (A ∩ C)′.
　(e) A′ ∪ C′.

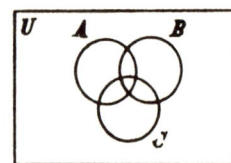

7 インドの計算と教科書

「ベン図も日本では珍しくなったから、こんなのはどうだい。A'というのは集合Aの補集合、つまり集合Aでないもの。記号∩は交わり（共通集合）を表すよ。」（答はP.190）

「それはそうと、ほとんど図形の話がでてきませんね。」

「求積などはあったが、図形の証明は高校からのようだ。

高校1年では集合演算、写像、分数四則、式計算、因数分解、方程式、行列、図形の計測と証明、座標、三角比という内容がある。天文学の伝統なのかどうかわからないが、図形の計測の三角比にずいぶんページをさいている。

次に証明問題を示すからあとでやってごらん。日本では中学2年位のものだ。（答はP.190）

内容では、日本ととりあげる学年に相当ちがいがあるね。

高校2年では、二次方程式、指数・対数、座標幾何、図形の計測、証明、三平方の定理、円の性質、統計などがある。

計測と求積に力が入っているのには驚くよ。参考までに図だけでも見せよう。

まあずいぶん勉強になった。」

（答はP.191）

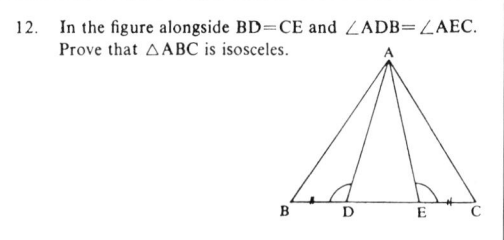

12. In the figure alongside BD=CE and ∠ADB=∠AEC. Prove that △ABC is isosceles.

13. From the adjoining figure, state the equal angles of each triangle.

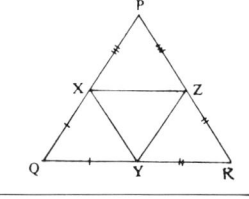

10. Find x in each of the following :

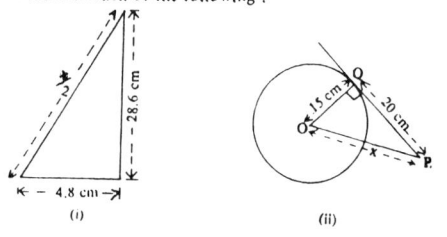

♪♪♪♪♪ できるかな？♪♪♪♪♪

　ギリシア神話にでてくる軍神アキレスを知っていますか？

　数学の世界では"アキレスと亀"の話で有名。一般には足のかかとにある"アキレス腱"でその名が知られていますね。

　母テチスはアキレスを不死身にしようとして冥界を流れるスチュクス川に浸しましたが、握った足首だけ水に浸されなかったため弱く、トロイア戦争ではギリシア軍随一の勇将として活躍しながら、最後はパリスにかかとを射ぬかれて短い一生を終えました。

　この古事から"私のアキレス腱はどこそこだよ"などと自分の弱点をいうたとえになりましたね。

　あの強い弁慶にも"弁慶の泣きどころ"（向うずね）というものがあります。

　さて、長々とお話をしましたが、あの有力な検算法の"九去法"にもアキレス腱、泣きどころがあるのです。

　それは何でしょうか？

　右の計算をヒントにして、それを発見してください。

　あなたもキチンと計算しないと発見できませんよ。

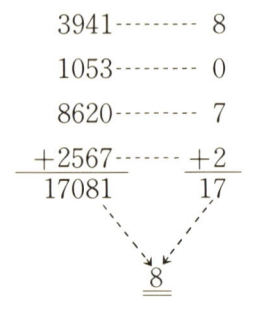

```
   3941 ········ 8
   1053 ········ 0
   8620 ········ 7
  +2567 ········+2
  17081         17
                ↓
                8
```

8

アラビアへバトンタッチ

1　右手にコーラン，左手に剣

「インドの数学はアラビアへ伝えられ，ここでさらに充実されてヨーロッパへと運ばれていったのでしょう。とするとお父さんの研究旅行は，次はアラビアですね。」

「そういう予定だけれど，この辺は政情不安なところが多いし，どうせならメソポタミアにも行きたいが，もう少し先になる。（P.61参照！）

そこで，インドからアラビアへ移った数学がどうなったか，について少しふれておこう。くわしくは後日の旅行後だ。」

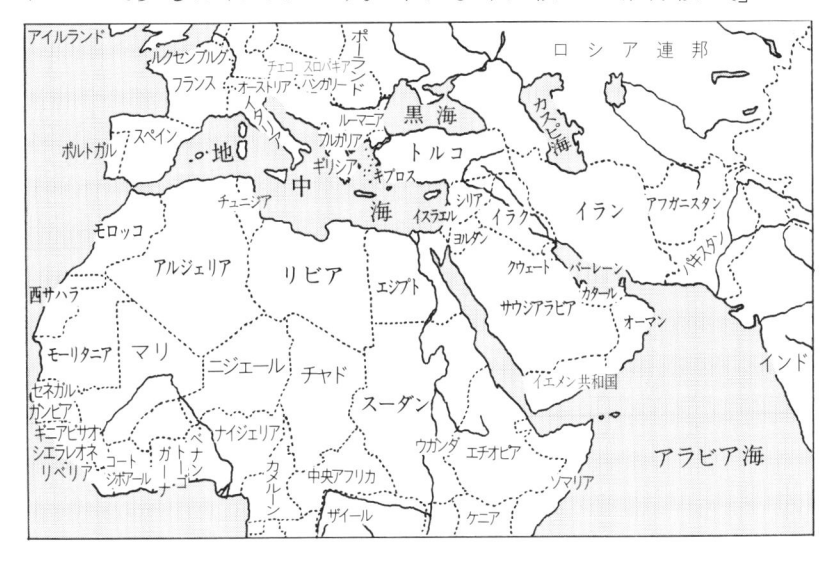

「アラビアとかアラビア人とは何か？　というのは難しいんでしょう。イスラムとか，アラブとか，ベドウィンとか，なんだか，ごちゃごちゃになってしまうわ。」
「簡単にまとめてみようかね。
アラビア——アジア，アフリカ，ヨーロッパの三大陸の結節
　　　　　　部にあたる位置を占め，イスラム教発祥の地。
　　　　　　アラビア半島(前ページ地図参考)
アラビア人——次の2種類の見方がある。

(1) ｛遊牧民(ベドウィン族)
　　　定着民…社会的には遊牧民より下

(2) ｛狭義……アラビア半島の住民
　　　広義……東はイラク，サウジアラビア，シリ
　　　　　　　ア，ヨルダン，西はスーダン，リビア，
　　　　　　　チュニジア，アルジェリア，モロッコ

　　　　　(共通点はアラビア語を日常語にしている住民)
アラブ———アラビア人によって構成される国家。アラブ諸
　　　　　国はエジプト，シリア，イラク，ヨルダン，レバノン，
　　　　　サウジアラビア，イエメン，リビア，スーダン，チュ
　　　　　ニジア，モロッコ，クウェート，アルジェリア，アラ
　　　　　ブ首長国連邦，バーレーン，カタール，オマーン，モ
　　　　　ーリタニア，ソマリアの19か国をいう。
　現状はこんなところだね。歴史については友里子，説明してごらん。」
　歴史に興味をもつ友里子さんは，うれしそうに話しはじめました。
「7世紀にイスラム教徒のアラブ人が創った帝国をイスラム帝国といいます。中世ヨーロッパ人はサラセン帝国と呼んでいました。

8 アラビアへバトンタッチ

　このイスラム帝国は，あの有名な"マホメット"が創設者です。

　イスラム教の予言者マホメットは，622年に生まれ故郷のメッカを追われたあと，兵を挙げて教団国家の建設を始め，近隣諸国，諸民族を征服，従順させて大発展させていきました。

　有名な"右手にコーラン，左手に剣"の方式でやったといいます。」

　「これはどういう意味？」

　一郎君が疑問をもちました。

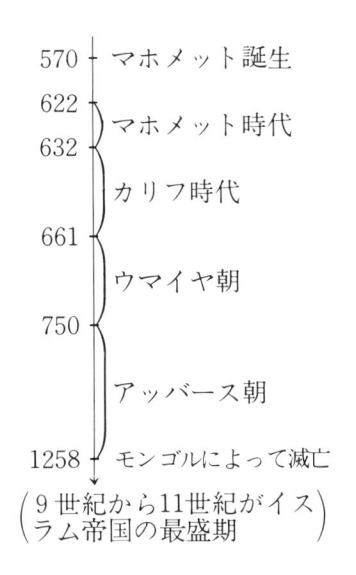

```
570 ── マホメット誕生
622 ┬── マホメット時代
632 ┤
    ├── カリフ時代
661 ┤
    ├── ウマイヤ朝
750 ┤
    ├── アッバース朝
1258 ── モンゴルによって滅亡
```

（9世紀から11世紀がイスラム帝国の最盛期）

　「コーランとはアラビア語の"クルアーン"（読誦すべきもの）のなまったもので，アラーの神が予言者マホメットに啓示したものを集めた，イスラム教の聖典です。で，近隣諸国に対してまずイスラム教の布教をし，それに従わないと"剣"つまり，武

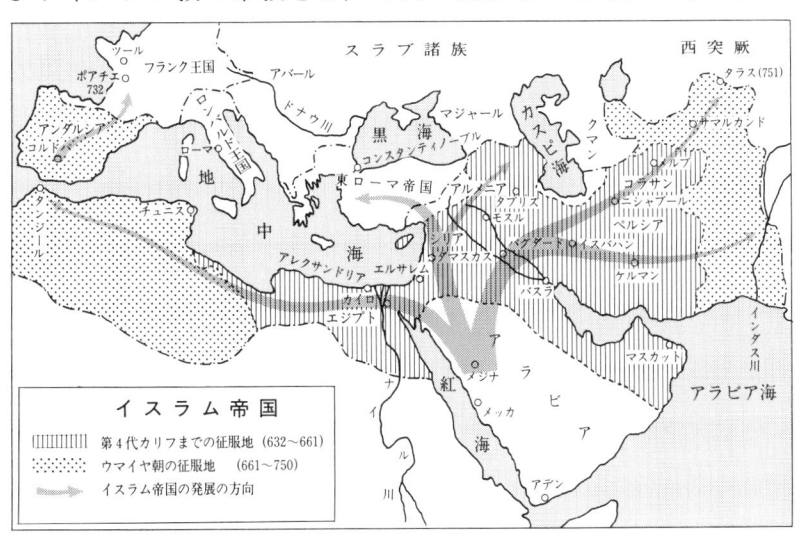

イスラム帝国
- ||||||| 第4代カリフまでの征服地（632〜661）
- ∷∷∷∷ ウマイヤ朝の征服地　　（661〜750）
- ⟹ イスラム帝国の発展の方向

力で征服する、という方法でイスラム帝国を拡大していったのです。

　最大のときは、西はスペインのピレネー山脈から東はインドのインダス河までの広大な土地を手にしています（前ページ図）。と同時に、レベルの高いイスラム文化を築き上げています。」

　「民族もいろいろと混血されたし、文化も吸収同化されていったんだね。

　日本では、民族的には単一民族に近いが、文化的には東洋、西洋を区別なく取り入れているし、宗教も元来もっている神道のほかに、仏教、キリスト教、イスラム教、ユダヤ教など各種が存在している。文化、宗教、習慣をどんどん同化できる民族だね。それには長所と短所があるけれど。」

　「イスラム文化は7世紀以来発展を続けたけれど、イスラム教の精神と聖典コーランの用語であるアラビア語とが根本要素になっていました。

　文化の最盛期は、アッバース朝時代（750〜1258）になって政治の中心がイラクに移ると、長年この地方を支配してきたペルシア文化をはじめ、古代ギリシア文化、あるいは東方のインド文化などが、どんどん吸収されたのです。」

　「友里子はくわしいね。おかげでアラビアのことがだいぶよくわかってきた。ところで数学の方はどうなっているのかな？」

　「これはお父さんが説明しよう。アラビアは王朝の歴代カリフ（教主）が学問、芸術を奨励したので文化が高まったが、数学は、インドと同様、アラビアでも天文学者が数学者を兼ねていたので、代数方面の発展はすばらしいものがあった。しかし、幾何（図形の証明）の方は見るべきものはなかったね。」

2 古くて新しいアルゴリズム

「アラビアの代数学者には,どんな人がいるのですか?」

「数学の黄金時代は9～11世紀で,この初期を代表する数学者がムハマッド・イブン・ムーサー・アル・フワーリズミーだ。彼は天文学者で,バクダッド,ダマスクスで天文観測をし,地球の子午線の1°の長さを測定したりしている。そして名著,

『al-gebr w'al mukābala』(方程式の移項法)

を著作した。この本については後にとりあげよう。

さて,この数学者の名を読んで気がつくことはないかい。」

友里子さんは,2度,3度つっかえながら読んで,

「ずいぶん長い名前ネー,うまく読めないわ。ジュゲムジュゲムではないけれど途中で忘れちゃう。」

「略称はアル・フワーリズミーっていうんでしょうね。」

「アル・フワーリズミーとアルゴリズムとは似ているだろう。実は,アルゴリズムというのは,数学者アル・フワーリズミーがなまったものといわれている。」

「言葉というのはインド(ヒンドゥ),コーラン(クルアーン)など原語がなまったものが多いのですね。

ところで,アル・フワーリズミーと流れ図,手順とどういう関係があるんですか?」

「方程式を解くことを考えてみよう。右のような手順で順序良く解くだろう。また,一次方程式では,すべて,文字a,b,c,dに数値を代入すれば機械的に(特別の思考なしに)答が得られるね。

アルゴリズムの良さだ。」

$$ax+b=cx+d$$
$$ax-cx=d-b$$
$$(a-c)x=d-b$$
$$a-c \neq 0 \text{ として}$$
$$\therefore \quad x=\frac{d-b}{a-c}$$

「コンピュータでアルゴリズムが用いられるのは，機械的に処理するためでしょう。数学内容では方程式のほかにどんなものがあるのですか？」

「最初にアルゴリズムの考えを数学の中にとり入れたのは，古代ギリシアの数学者ユークリッド（B.C. 3世紀）だ。

彼は最大公約数の計算で使っている。そこで2人に問題を出そう。2数 391 と 323 の最大公約数を求めてごらん。」

2人は学校で習った右のようにして，2数を同時に割れる数をいろいろ探しています。

ところがなかなかそういう数が見つかりません。右の追加のような大きな数になったら，もうお手あげです。

さて，あなたはどうしますか。

「ユークリッドは次のようにしたんだね。順にお互いを割っていくので "互除法" とも呼ばれているよ。方法はわかるだろう。」

☐) 391 323

約数を早くみつける方法（P.121）で考え調べる。10までの数では割れない 11？ 13？ ……

〔追加〕
（ 2759, 6497 ）

最大公約数

（ 323, 391 ）

4	323	391	1
	272	323	
3	51	×4 68	1
	51	51	
	0	×3 17	

答 17

（ 2759, 6497 ）

2	2759	6497	2
	1958 ×2	5518	
4	801 ×2	979	1
	712	801	
	89 ×4	178	2
	×2	178	

答 89   0

8 アラビアへバトンタッチ

「おもしろそうですね。練習したいので2，3題出してください。易しいのと難しいのを。」

「自分でも作れるだろう。では下のをやってごらん。

(1) (56, 91)　　　　(2) (96, 180)
(3) (399, 304)　　　(4) (620, 651)

教科書の方法より早くて確実だろう。」

(1)，(2)を友里子さん，(3)，(4)を一郎君がやりました。あなたもやってみてください。

最大公約数

(1)

1	56	91	1
	35	56	
1	21	35	1
	14	21	
	7	14	2
		14	
		0	答 7

(2)

1	96	180	1
	84	96	
	12	84	7
		84	
		0	答 12

(3)

1	399	304	3
	304	285	
5	95	19	
	95		
	0		答 19

(4)

20	620	651	1
	620	620	
	0	31	答 31

正答でしたか。

「方程式はアルゴリズムの代表ということでしたが，それを説明してください。」

「では，一郎，次の方程式を丁寧に解いてごらん。
$$\frac{x-4}{3}+\frac{2x+1}{2}=5$$
友里子もできるだろう。」

「次のようにやっていきます。

両辺に分母の最大公約数 6 をかけ

$$\frac{x-4}{3}\times 6+\frac{2x+1}{2}\times 6=5\times 6$$

分母を払って

$$2(x-4)+3(2x+1)=30$$

かっこをはずして

$$2x-8+6x+3=30$$

同類項をまとめて

$$8x-5=30$$

移項して

$$8x=30+5$$

整理して

$$8x=35$$

両辺に $\frac{1}{8}$ をかけて

$$8x\times\frac{1}{8}=35\times\frac{1}{8}$$

$$x=\frac{35}{8}$$

答 $4\frac{3}{8}$

一次方程式はみなこの流れで解きますね。
二次方程式の"解の公式"も同じです。」

「自分で解の公式を作れる高校生は少ないよ。結構難しいからね。一郎作ってごらん。」

アルゴリズム

- 両辺に分母の最大公約数をかける
- 分母を払う
- かっこをはずす
- 同類項をまとめる
- 移項して整理する
- 両辺に同じ数をかける
- その値を求める

8 アラビアへバトンタッチ

「うまく出来るかナ？ 大変なんですよね。
$$ax^2+bx+c=0\ (a\neq 0) \cdots\cdots(1)$$

まず両辺を a で割って $x^2+\dfrac{b}{a}x+\dfrac{c}{a}=0$

移項して $x^2+\dfrac{b}{a}x=-\dfrac{c}{a}$

$\left(\begin{array}{c}\text{左辺を完全平方式にするため}\\ (\ \ )^2\text{の形}\end{array}\right)$

両辺に $\left(\dfrac{b}{2a}\right)^2$ を加えて

$$x^2+\dfrac{b}{a}x+\left(\dfrac{b}{2a}\right)^2=-\dfrac{c}{a}+\left(\dfrac{b}{2a}\right)^2$$

完全平方式にして
$$\left(x+\dfrac{b}{2a}\right)^2=-\dfrac{c}{a}+\dfrac{b^2}{4a^2}$$

右辺を変形して
$$\left(x+\dfrac{b}{2a}\right)^2=-\dfrac{4ac}{4a^2}+\dfrac{b^2}{4a^2}$$
$$\left(x+\dfrac{b}{2a}\right)^2=\dfrac{b^2-4ac}{4a^2}$$

両辺の平方根をとって
$$x+\dfrac{b}{2a}=\pm\sqrt{\dfrac{b^2-4ac}{4a^2}}$$
$$x=-\dfrac{b}{2a}\pm\dfrac{\sqrt{b^2-4ac}}{2a}$$
$$x=\dfrac{-b\pm\sqrt{b^2-4ac}}{2a}$$

上の(1)で、実数解を求める計算で、方程式の判別式Dを $D=b^2-4ac$ とおくと

D＞0 のとき $x=\dfrac{-b\pm\sqrt{D}}{2a}$

D＝0 のとき $x=-\dfrac{b}{2a}$

D＜0のとき 解なし

流れ図は下のようになる

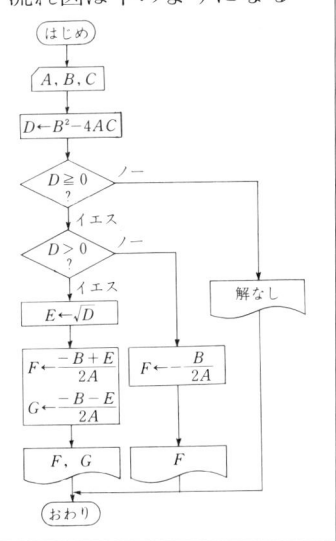

```
        ┌─はじめ─┐
        │ A,B,C │
        │D←B²-4AC│
        ◇ D≧0? ◇──ノー──┐
         │イエス          │
        ◇ D＞0? ◇──ノー──┤
         │イエス          │
        │ E←√D │       │
    ┌───┴───┐       │
    │F←(-B+E)/2A│ │F←B/2A│ 解なし
    │G←(-B-E)/2A│ │      │
    └───┬───┘ └──┬──┘
        │ F,G │   │  F  │
        └──┬──┴──┬──┘
           └─おわり─┘
```

うまくいった！ 終り。」

「公式を使って次の二次方程式を解いてごらん。

(1) $2x^2+5x-3=0$ (3) $5x^2-1=0$

(2) $4x^2-7x=0$ (4) $3x^2+12x+4=0$」（答はP.192）

3 「代数」の開祖

「お父さん，代数は英語で algebra でしょう。この語源はアラビアだと聞いたんですが，そうですか？」

「さっき，アラビアの大数学者アル・フワーリズミーの話(P.149参考)の中で名著『al-gebr w'al mukābala』「方程式）があるといったろう。この本のはじめの部分を見てごらん。」

「アラ！ al-gebr なのね。この本の書名はどういう意味ですか？」

「あまりよくわからないが，右のような意味だそうで，簡単にいえば移項のことだよ。」

「algebra という数学書が中国に入って，これを代数と訳したのでしょう。

代数と方程式とはどうちがうのですか？」

al………冠詞
gebr……一方に負の項があるとき，両辺にこれと異符号の正の項を加えて全部正の項にすること
w'al mukābala ……両辺に等しいものがあったら，それをとり去って両辺を対立させる

「まず"代数"の語だが，1859年中国の数学者李善蘭が，ド・モルガンの著書『Element of Algebra』を中国語に訳したとき作った用語だ。まだ150年くらいしかたっていないね。一方，方程式だがこれは日本語。ただし語源の"方程"は2000年も大昔の語でね。名著『九章算術』の第8章が方程の章だ（『万里の長城で数学しよう』参考）。「方」はくらべる，「程」は規則という意味で，つまり"相互にくらべて一定の規則(式)にまとめる"ということになるね。アラビアと似たような意味だ。」

「日本の和算でも方程といったのですか？」

8 アラビアへバトンタッチ

「いや，和算の出発点は中国の名著『算法統宗』(1593年)で，その"天元術"(算木を使った計算法)が伝えられたが，関孝和は独創的な方法である"點竄術"(筆算による計算法)を考案した。

これは字は難しいが，點は，點火というようにつける，竄は鼠が穴にかくれるという字で消す，つまり加えたり消したりの方法で，現在の加減法だよ。なかなかいい用語だね。

昔はほとんど 代数＝方程式 だった。そして大昔からどの国，民族でも方程式の研究は熱心だったね。

10世紀以降ではアラビアとイタリアの貢献度が高い。これについては，またあとで話をしよう。」

「アラビアの数学者は，あとどんな学者がいたのですか？」

「たくさんいるので，年代順に簡単に述べようね。

○ターピット・イブン・クッラ（826〜901）

ギリシア古典数学・天文学の翻訳をした。

親和数の研究をする。これはピタゴラス学派の研究したもので，たとえば 220 と 284 のような関係。

220の約数の和（自分を除く）

$1+2+4+5+10+11+20+22+44+55+110=284$

284の約数の和（自分を除く）

$1+2+4+71+142=220$

おたがいの約数の和が相手の数になる2数をいう。

○アル・バッターニー（858〜929）

アラビア最大の天文学者といわれた。

『星の運行』の書の中に，正弦，正接，余接の語がある。

球面三角法の研究をする。

○アブール・ワファ（940〜998）

天文学者で，正弦表の精密計算をした。

正割，余割を導入した。(ここで三角比6つが整う。P.85参考)

○アル・カルキー（？～1029）

算術書と代数書をまとめる。

級数公式の証明をする。

$$1^2+2^2+\cdots\cdots+n^2=\frac{2n+1}{3}(1+2+\cdots\cdots+n)$$

$$1^3+2^3+\cdots\cdots+n^3=(1+2+\cdots\cdots+n)^2 \quad (\text{P.193参考})$$

○イブン・アル・ハイサム（965～1038）

天文学者，哲学者，医学者。

回転放物体の研究をする。

$\sum n, \sum n^2, \sum n^3, \sum n^4$ の値

$\begin{pmatrix}\sum n=1+2+\cdots\cdots+n\\ \sum n^2=1^2+2^2+\cdots\cdots+n^2\end{pmatrix}$

回転放物体

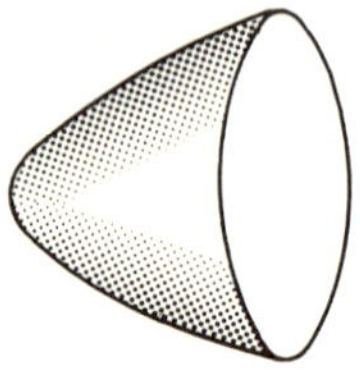

○オマル・ハイヤーム（1044～1123）

天文学者。

三次方程式の研究をする。

円錐曲線（右の4つの曲線）の研究をする。

円錐を1つの平面で切ったとき，切口にできる曲線。

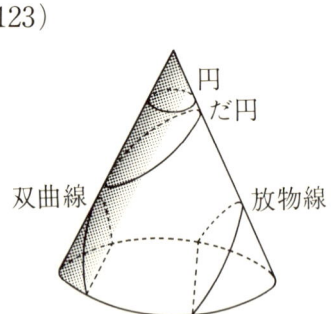

円
だ円
双曲線　放物線

○ナシール・エディン

（1201～1274）

天文学者。

三角法(三角比)の研究
ユークリッドの『原論』の5つの公準の中の1つである「平行線公準」の証明に挑戦する。

―― 公準（公理）――
1. 2点を結ぶ直線を引くこと
2. 線分を左右に延長すること
3. 円をかくこと
4. すべての直角が互いに等しいこと
5. 1つの直線が2つの直線に交わって，同じ側にある2つの内角の和が2直角よりも小さいとき，この2直線を限りなく延長すれば，2直角よりも小さい角のある側において交わること（平行線の公準）

4　埋れた「幾何」の再生

「前に東洋は小数文化圏，西洋は分数文化圏(P.39参考)という話を聞いたけれど，東洋は代数圏，西洋は幾何圏ということもできるんでしょう。」

「一郎はなかなか着想がいいね。そういう見方もできる。

東洋のインドもアラビアも，また中国も代数（方程式）の国であるのに対し，西洋のエジプトは測量術，ギリシアは証明，ローマは設計図など，みな図形だからね。」

「最近の言葉でいうとデジタル型とアナログ型ということですか。地域，民族，個人でもそういうどちらかの傾向があるんですね。

ぼくはデジタル型，友里子はアナログ型だろう。」

「このデジタル型民族のアラビアで，古代ギリシアの名著，ユークリッドの『原論』の翻訳復活という数学上の大事業をしたのだ。

『原論』は右のように，ギリシア滅亡後，当時文化の高いインド，ローマ，ペルシアなどの諸民族は，どこも継承しなかった。理由は実用的でなかったからといわれている。

そして一時この地球上から

最高の文化遺産ともいえる『原論』が消え，ほそぼそとギリシアの学者がこれを引き継いでいたんだ。

ところが再び日の目を見ることになったね。なんと"500年間のねむりから覚めて"ということだよ。」

「ああ，そういういきさつがあるのですか。ふつうの数学史などには，ユークリッドの『原論』(通称ユークリッド幾何)は，2300年間人々に読み続けられた世界のベストセラー，ロングセラーだ，と書かれているけれど，本当は空白期間があったのですね。」

「さてここで2人に難しい質問をするよ。

ギリシアが4世紀に滅亡したあと，500年間たくさんの文化国があったのに，どこも『原論』に関心を示さなかった。なぜ，アラビア人つまりイスラム帝国がこの本を研究するようになったのか？」

2人はしばらく考えています。あなたはどう思いますか。

「お父さんは，ある本でこんな話を読んで，大いに共鳴した。それを紹介しよう。

アラビアはマホメットが622年兵を挙げてから100年間くらいで，東はインドのインダス河，西はスペインのピレネー山脈までの広大な地域をその手中に収めただろう。

ここでカリフ（教主）やアラビア人はどうなったと思う。」

友里子さんはしばらく考えていましたが，

「元来，アラビア人というのは遊牧民でしょう。その人たちが遊牧生活をやめて主要都市に定住して，先住民に対する政治をおこなうようになったんですね。生活はガラリと変ったでしょうね。するとどんな変化が起ったか，ということでしょうか。」

「そうだよ。1つは学問，もう1つは病気だ。」

8　アラビアへバトンタッチ

　一郎君が仲間入りしました。
　「アラビアの歴代カリフは学問，芸術を大いに奨励したんでしょう。古代ギリシア，ローマの古典翻訳やインド，メソポタミアの学問の輸入など盛んだったといいます。でも病気というのはどう文化とかかわるのですか？」
　「昔，平和に過していた南海の孤島などに文化民族がおとずれ，ついでに病気をもちこみ，この新しい病気に対する免疫をもたない島の民族がほとんど全滅した，という例がよくあるだろう。
　アラビア人も，遊牧生活にかかわる種々の病気なら永年の経験から薬や対策があったが，都会生活になり，まったく新しい病気に遭遇すると，どのようにしたらよいのか対応方法がわからない。そこでギリシア，ローマから医者をよび，彼らに治療をしてもらうことになったのさ。
　しかし何年かすると，この新しい病気に対する免疫もでき，対応に慣れる。そこで暇になった医者たちが，アラビアの若者相手に古典の教育に当ったのだ。
　ユークリッドの『原論』をはじめ，ギリシアの古典が次々紹介され，アラビア語に翻訳されていった。これによって生活には役立たず各民族から見捨てられていた古代ギリシアの古典が，やっと500年後に日の目をみることができた，という話だ。
　ある意味ではなかなか興味ある仮説だろう。」

「人間の生活や社会が，学問や文化と深くかかわっている，ということを示すには，とてもおもしろい仮説だと思います。

あたしは数学上の内容はわからないけれど，世界の歴史に残るインドの代数学と，ギリシアの幾何学という全く異質と思える2つの学問を同時に手に入れ，しかも吸収していったアラビア人というのは，ずいぶん優秀な民族だったのですね。」

だいぶ興奮気味の友里子さんが一気にしゃべりました。

あなたもそう思うでしょう。

世界史上にアラビア人が登場しなかったら，"数学の発展"はずいぶん遅れたものと思われますね。

「代数学と幾何学とを手にしたアラビアでは，数学上で何か新しい発見をしているのですか？」

「『幾何学的代数』という新しい領域を創り出している。

これは古くはピタゴラスにその考え方があった。たとえば，

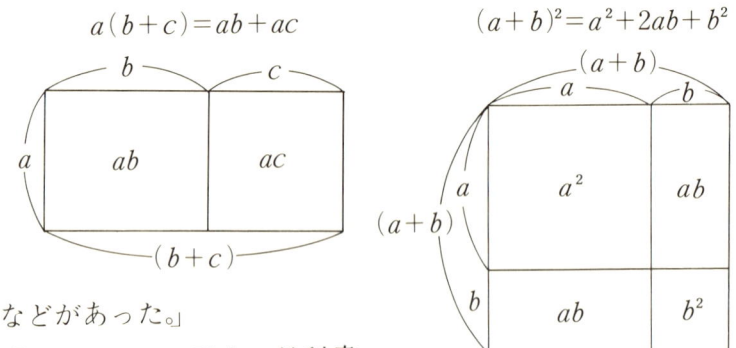

$$a(b+c) = ab + ac$$

$$(a+b)^2 = a^2 + 2ab + b^2$$

などがあった。」

「アア，これは現在の教科書にもでています。中1と中3かな？

ずいぶん古い内容なんですね。

アラビアのはもっと進んでいるのでしょう？」

「あまりくわしい内容は伝えられていないが，一次，二次，三次の方程式を幾何的に解いて証明したりしている。たとえば，

8 アラビアへバトンタッチ

<u>一次方程式　$ax=bc$</u>

$ax=bc$ を変形して

$\dfrac{a}{b}=\dfrac{c}{x}$ （$a:b=c:x$）

a, b, c は正の数なので下の図のように長さをとる。

BC∥DE となる E をとる。

△ABC ∽ △ADE より

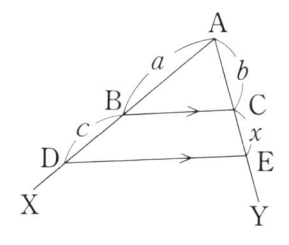

$\dfrac{a}{b}=\dfrac{c}{x}$

よって　CE=x

<u>二次方程式　$x^2-ax+b^2=0$</u>

$x^2-ax+b^2=0$ を変形して

$x^2-ax=-b^2$

$ax-x^2=b^2$

$(a-x)x=b^2$

$\dfrac{a-x}{b}=\dfrac{b}{x}$

いま，直径 a の半円をかき，図のように直径に長さ b の垂線を立てると，△AHC∽△CHBより

$\dfrac{\text{AH}}{\text{CH}}=\dfrac{\text{CH}}{\text{BH}}$　∴ AH・BH=CH²

よって　BH=x

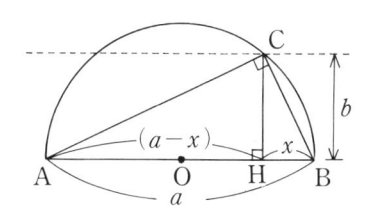

「ただし，本当の意味の幾何的代数，代数的幾何は17世紀のデカルトまでまたなくてはならないね。」

「グラフによる"座標幾何"のことですか。」

「そうだよ。それから，アラビアの2人の学者がユークリッドの原論に2巻をつけ加えている。

右のがそれだよ。」

『原論』

第1～6巻　平面幾何
第7～10巻　数論
第11～13巻　立体幾何
アラビアで次の2巻をつけ加えた
第14巻（ヒュプシクレス作）
第15巻（ダマスキオス作）
いずれも立体幾何

♬♬♬♬♬ できるかな？♬♬♬♬♬

　アラビアの数学者タービット・イブン・クッラが"親和数"の研究をした（P.155参考）とお話しましたが，ここではこうした整数の興味ある性質のいくつかを紹介しましょう。

　この研究を最初に，しかも広くやったのはピタゴラス学派で，次のようないろいろな数を発見しています。

　あなたはこの中のいくつを知っていますか？

(1)　偶数　　(2)　奇数　　(3)　素数
(4)　三角数　(5)　四角数
(6)　三角錐数　(7)　四角錐数
(8)　完全数　(9)　親和数
(10)　過剰数　(11)　不足数
(12)　ピタゴラス数

（答はP.193）

　また，ピタゴラス学派では36を"聖なる数"と呼んだのですが，それはなぜでしょう。

　次に示すように，36はいろいろな数の分解，合成ができるふしぎな数だからです。

$$2\times 3\times 6=36$$
$$1+2+3+4+5+6+7+8=36$$
$$1+3+5+7+9+11=36$$
$$1^3+2^3+3^3=36$$
$$1^2\times 2^2\times 3^2$$
$$(1+2+3)^2=36$$
$$(1\times 2\times 3)^2$$

　まだあるでしょう。探してみてください。

9

そしてヨーロッパへ

1 "数学"の運び屋

「ある民族の"文化"が，他の民族に伝えられたり，引き継がれたりという歴史を見ていると，ふしぎというか興味深いというか，とてもおもしろいですね。」

歴史好きの友里子さんがこういいました。

「"文化"というのは水の流れと同じように，高いところから低いところへと行くものだよ。野蛮で武力のある民族がある地域を攻めて先住民族を滅ぼしたり，奴隷にしたり，あるいは追い出したりしても，その先住民族の文化が高いとやがてそれが受け継がれていくね。

そういう意味では"文化"というものはすごい。」

「ペンは剣より強し，ですか。」

と一郎君が仲間入りしました。

「文化を運ぶのは商人が多いのでしょう？」

「商品や物資と一緒に文化も運んだわけだよ。輸出もあれば輸入もあっただろうね。

"数学"も文化だから，その例にもれず，というところさ。」

「そういえば，前にお父さんから聞いた話に，紀元前6世紀の古代ギリシアのターレスのことがあったわね。

商人ターレスは商用でエジプトに渡った。当時はギリシアよりエジプトの方が遙かに文化程度が高かったわけですね。

ギリシアはようやく政治的，社会的に安定した国になったのに，エジプトの方は既に2000年以上の文化をもっていましたから。

ターレスの逸話の中に，影を使ってピラミッドの高さを測り，エジプト王を驚かせたというのがあるでしょう。(『ピラミッドで数学しよう』参考)

だからカイロに滞在していたんでしょうね。」

一郎君は別のことに興味をもっているようです。

「ピラミッド建造という高度な測量技術が，ターレスの時代より2200年以上も前にあったということも大変な驚きだけれど，ターレスがその"技術"を"理論"に変えた発想もすごいですね。

エジプト人は2000年以上も"技術"のままだったのでしょう。」

「一郎はなかなか良いことに着目したね。

ターレスは，ただの数学運び屋ではなかったわけだ。古い文化遺産に手を加えて新しいものに創りかえる仕事をしているんだね。

長年の経験から得た確かな"技術"に対して，それでも本当に正しい方法といえるのか，という疑問の目を注いだことがスゴイ。」

「なんでもそのままうのみにせず，"まてよ！"という心が必要なわけね。でもあたしは苦手だナー。」

考えることより暗記の方が得意な友里子さんは，気になるようです。

「一郎はターレスの発見した6つの定理をおぼえているかい。」

9 そしてヨーロッパへ

　お父さんからちょっと難しい質問です。
　「数学の運び屋ターレスは好きなのでおぼえています。
　(1)　円は，その直径で二等分される
　(2)　対頂角は等しい
　(3)　二等辺三角形の両底角は等しい
　(4)　二角とその間の辺が等しい2つの三角形は合同
　(5)　相似な2つの三角形の対応辺は比例する
　(6)　半円にできる円周角は直角である
　これらは中学の1，2年の図形編にでています。」

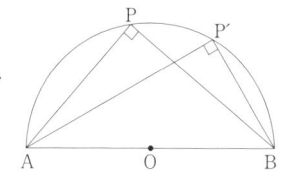

ターレス

　「お兄さんよくおぼえているわね。
　それにしても，みんな当り前のようなことでしょう。どうしてターレスはこれを"証明"してみようと思ったのでしょうね。」
　「そこがギリシア人だ。ところでインド数学をアラビアへ運んだことについて，数学史上，特定の人名はでていないが，元来アラビア人はユダヤ人と共に歴史上有名な商業民族だからね。進んだ文化はどんどん輸入するわけだ。
　商人の特徴は利益にかかわるもの，優れているものを探し出すヒラメキがするどいということだろう。アラビア人がギリシア古典を翻訳した背景にはそうしたものがあったと考えられるね。」
　「さて，ここでアラビアで古今東西の数学を集大成した大きな財産は，その後どうなったのか？　って，お父さん質問したいところなんでしょう。」
　「一郎がその答をいいたいものだから，人の名を借りて——。
　よし，それではアラビア以後を話してごらん。」

165

「アラビアは13世紀初期に蒙古人の侵略を受け，事実上終えんしてしまうのですね。
　この貴重な財産をヨーロッパに運び込んだ人は……，
　イタリアの商人フィボナッチでした。
(『ピサの斜塔で数学しよう』参考)
　彼はイタリアの近隣諸国へ商用で出かけているうち，バビロニア，エジプト，ギリシアなど古代のどの記数法（桁記号記数法）よりもインドの記数法（位取り記数法）の方が遙かにすぐれていることを発見して，まずアラビアを代表する数学者アル・フワーリズミーの名著『al-gebr wal muk-ābala』を参考にして，1202年『Algebra et Almuckabala』（復位と対比，つまり方程式）という本を書きました。その後，これを改訂して1228年に出した名著『Liber Abaci』（計算書）がヨーロッパ数学，つまり現代数学の出発点になっています。

フィボナッチ

　もちろん，当時のヨーロッパにはほそぼそと"寺院数学"があり，また既にアル・フワーリズミーの本も伝えられていたようですが，ターレスと同様，そっくりそのままではなく手を加えて改良版にしたのが大きな貢献だったのです。」(これについて詳しくは『ピサの斜塔で数学しよう』を参考)
　「日本では毛利重能が中国から"そろばん"を輸入したのが有名な"運び屋"の話ですね。」（中国の算盤は，日本でそろばん）
　「そろばんは室町時代にはあったといわれている。しかし歴史での評価は，より後世に大きな影響を与えたものに軍配をあげているだろう。これには運もある。たとえばフィボナッチの場合は，北イタリアの諸都市に十字軍の大金が落ち，商業活動が盛んになったこととタイミングがピッタリ合ったし，毛利重

9 そしてヨーロッパへ

能の場合も、徳川時代に入って大阪商人が活躍を始めて計算が必要とされた絶好の時期であった、ということがある。」

「そういう意味では、人生と同じで時代の運、不運というもの、タイミングというものがあるんですね。

日本の数学、"和算"の事実上の出発点であり原典でもある『塵劫記』の著者、吉田光由も商人ですか？」

「おもしろいことに気がついたね。

商人ではないが、日本有数の豪商『角倉家（すみのくら）』の一族だ。

下の角倉家の家系図を見てごらん。足利時代は遣明貿易、江戸時代は御朱印船と、代々海外貿易に活躍しただけでなく、富士川、高瀬川などの河川工事もしている。

とりわけ角倉了以は、中国の明、清との貿易で数々の物資を輸入したが、その中に多くの数学書があった。

『算法統宗』（1593年、程大位）は数学者吉田光由に大きな影響を与え、彼はこれを参考にして江戸時代のベストセラー、ロングセラーである『塵劫記』を著作したんだ。

角倉一族という見方をすると、吉田光由は数学運び屋と考えることができるね。」

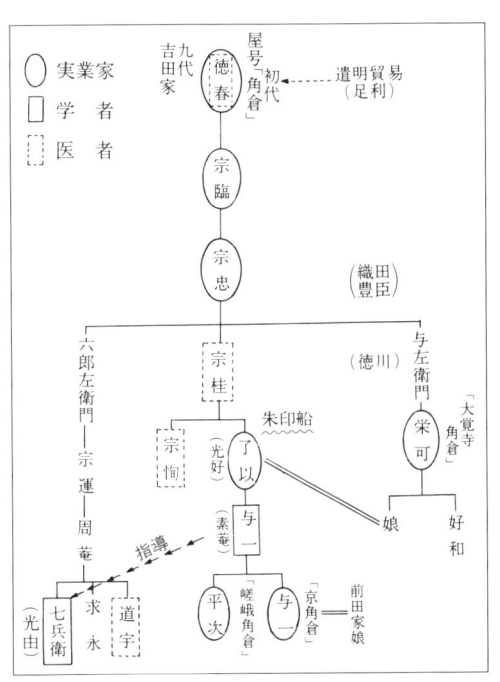

2　数学は"科学の道具"

「お父さん，よく数学は科学の道具だ，というでしょう。確かに物理や工学などではずいぶん数学が道具として使われています。しかし，古代ギリシアでは哲学なんでしょう？」

「よし，それでは，数学誕生の様子を拾い出してみよう。次の表を見てごらん。

社会各領域からの数学の誕生

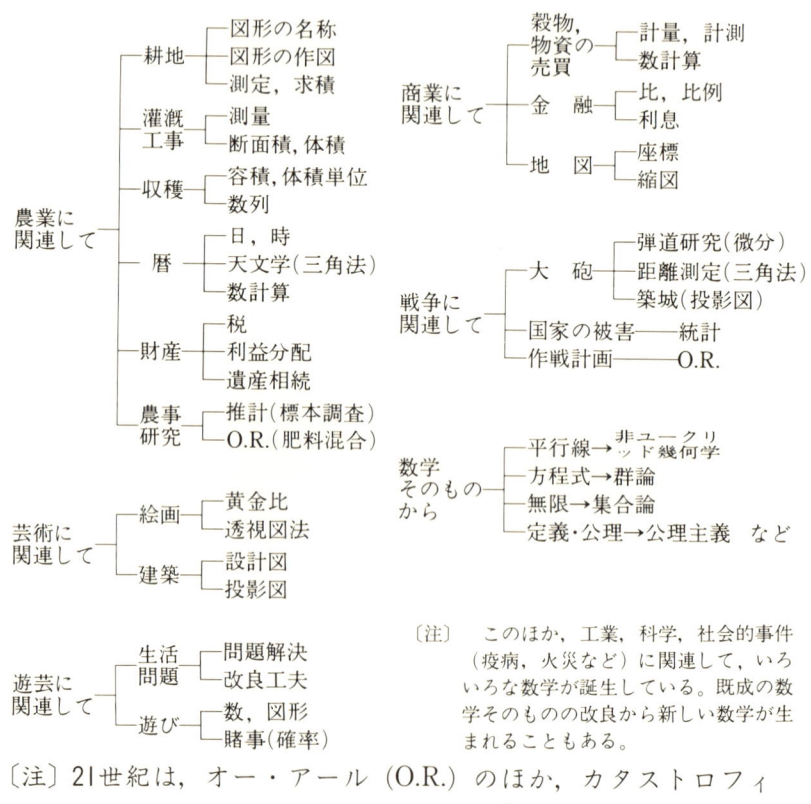

- 農業に関連して
  - 耕地 ─ 図形の名称／図形の作図／測定，求積
  - 灌漑工事 ─ 測量／断面積，体積
  - 収穫 ─ 容積，体積単位／数列
  - 暦 ─ 日，時／天文学（三角法）／数計算
  - 財産 ─ 税／利益分配／遺産相続
  - 農事研究 ─ 推計（標本調査）／O.R.（肥料混合）
- 芸術に関連して
  - 絵画 ─ 黄金比／透視図法
  - 建築 ─ 設計図／投影図
- 遊芸に関連して
  - 生活問題 ─ 問題解決／改良工夫
  - 遊び ─ 数，図形／賭事（確率）
- 商業に関連して
  - 穀物，物資の売買 ─ 計量，計測／数計算
  - 金融 ─ 比，比例／利息
  - 地図 ─ 座標／縮図
- 戦争に関連して
  - 大砲 ─ 弾道研究（微分）／距離測定（三角法）／築城（投影図）
  - 国家の被害 ─ 統計
  - 作戦計画 ─ O.R.
- 数学そのものから
  - 平行線 → 非ユークリッド幾何学
  - 方程式 → 群論
  - 無限 → 集合論
  - 定義・公理 → 公理主義　など

〔注〕このほか，工業，科学，社会的事件（疫病，火災など）に関連して，いろいろな数学が誕生している。既成の数学そのものの改良から新しい数学が生まれることもある。

〔注〕21世紀は，オー・アール（O.R.）のほか，カタストロフィー，フラクタル，カオス，ファジィなど『カタカナ数学』が社会のあらゆる分野で活躍していて，いまや文系，理系の区別なく，必須学問になっている。

9 そしてヨーロッパへ

どうだい，いろいろなところから数学が誕生しているだろう。」

「そうですね．他の教科では，国語，地理，歴史，動物，生物など，それぞれ"元"(材料，資料)の範囲，出所は限られているのに，数学は人間生活の全てのところから拾い出され，研究対象にされているのはふしぎですね．"ふろしきが大きい"ということなんでしょうか？」

一郎君が次のような疑問を投げかけました．

「17世紀以前というと，現代でいう科学はなかったんでしょう．つまり，数学は"科学の道具"という言葉は17世紀以後といっていいのですね．」

「17世紀には，微分学，積分学という偉大な数学が誕生したからね．

微分学はdifferential calculus, 積分学はintegral calculusで，このcalculusとは計算 (caluculation, calcuは小石) のことだから，科学の道具だった．しかし，19世紀になると，世界三大数学者の1人といわれるガウスが，

"数学は科学の女王であり，数論は数学の女王である"

といっている．つまり，200年間のうちに道具から女王へと昇格した．」

「でもいまでも数学が道具的な役割をもっているでしょう．とりわけ，計算は道具そのものではないんですか？　あたしは，女王の数学の方が格好いいと思うけれど——。」

友里子さんは女王にあこがれています．

「つまり，大雑把ないい方をすると計算のような"下僕"の面と哲学に属する"女王"の部分とがあるということになる．

材料も自由だし，役割も幅が広いという点が，数学の数学たるところといえるだろうね．」

「話をもとにもどすみたいですけれど，そもそも"科学"というのは何なのですか？
　あたしのアヤフヤな知識を並べてみると，まず大きく，
　自然科学，社会科学，人文科学
というのがあるでしょう。また，新聞などで目にするものに，
　科学教育，科学技術館，科学者憲章，科学捜査，……
　科学調味料いやこれは化学でしたね。
　身近な言葉だけれどよくわからない。まして17世紀以降といわれると，それ以前に本当に"科学"ってなかったのかなと思うのよ。」
　「『世界原色百科事典』（小学館）から引用してみよう。
　"科学とは，すべての人が真理と認める知識の体系であり，客観的な経験を基礎としてなり立ち，具体的に証明されうるものである。科学の方法のもっともきわだった特徴は，観察と実験ができることであり，とくに自然科学は自然の現象を対象とし，原則として人間の手によってある条件のもとに現象が再現できなければならない。……（中略）……
　今日の高度に体系化された科学も，さかのぼって考えれば，人間の生活の必要に根ざした知識と技術とから生まれたものである。（以下の具体例は右ページの表）
　この原始技術の長い時代を通して，人間はさまざまな経験的知識をつみ重ねていき，こうした技術的要求から生まれた知識が，その後も体系的な科学の生まれる実際的基礎となり，当初から科学はつねに技術とからみあって発展していく性格をもっていた。……（後略）……"
　まあ，こんな具合だよ。つまり素朴な"科学"は大昔からあるが，いわゆる"科学"は17世紀以降というのが常識だね。」

9 そしてヨーロッパへ

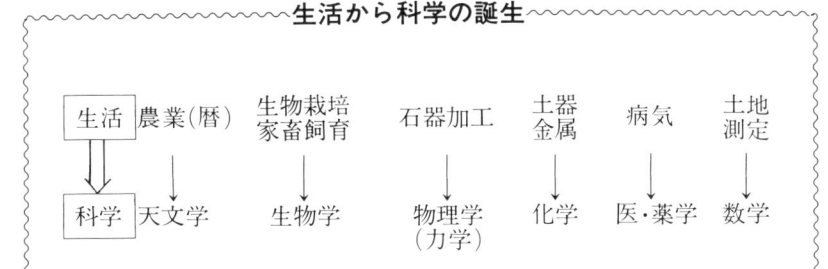

```
―――生活から科学の誕生―――
         農業(暦)  生物栽培   石器加工  土器  病気   土地
  生活            家畜飼育          金属        測定
   ↓     ↓       ↓       ↓     ↓    ↓    ↓
  科学   天文学    生物学    物理学   化学  医・薬学  数学
                          (力学)
```

「つまり，科学というのは，"客観的な経験を基礎としてなり立ち，具体的に証明されうるもの"ということですね。」

ぼくが前に読んだポリアの『帰納と類比』では，いろいろな学問は蓋然的推論によって結論を出し，実証するけれど，数学では正しい推論にもとづく結論で，唯一厳密な"証明"ができる学問だ，とありました。そういう意味では科学の中の科学ですね。」

「すると算数とか，昔の商業算術みたいなものは科学とはいえないんですね。」

「まあ，ふつうは科学＝学問ということだからね。

同じ古くても，ユークリッドの『原論』は科学だ。2000年間学問の典型，モデルであったといわれるぐらいだからね。

数学は科学そのものであると同時に，科学の道具でもあるのさ。」

―――証明のいろいろ―――

数学──確定事項の体系　論証
気象学──確率的証拠 ⎫
物理学──帰納的証拠 ⎪
歴史学──記録的証拠 ⎬ 実証
経済学──統計的証拠 ⎪
裁判官──情況的証拠 ⎭

3 "数学の世紀"というもの

「数学は,科学の道具なのか女王なのか,という話もおもしろいが,もう1つ有名な言葉に"数学の世紀"というのがある。知っているかい?」

「数学の世界とか,数学の時代とかいうのとちがうのですか?」

「まあ,数学の時代に近いかな。

一般的には,数学の発展を山にたとえると,数学史上3つの大きな峰があるといわれている。第1は古代ギリシアでユークリッドが『原論』をまとめ,アルキメデスが積分の初歩のような研究をし,エラトステネスが整数の研究をするなどたくさんの数学者が出てレベルを高めた。第2の峰は,微分,積分を初め,あとで話をするが10以上の新しい数学がウヨウヨと誕生した。その意味で15〜17世紀を"数学の世紀"というね。

第3の峰は19,20世紀だ。この時代はこれまでと全くちがう考えを用いて,数学を見直し発展させている。

あまり適当ではないが,下の図のようになるね。」

「数学の3つの峰,おもしろい表現ですネ。」

「お父さん,またシャレを入れてるわ。

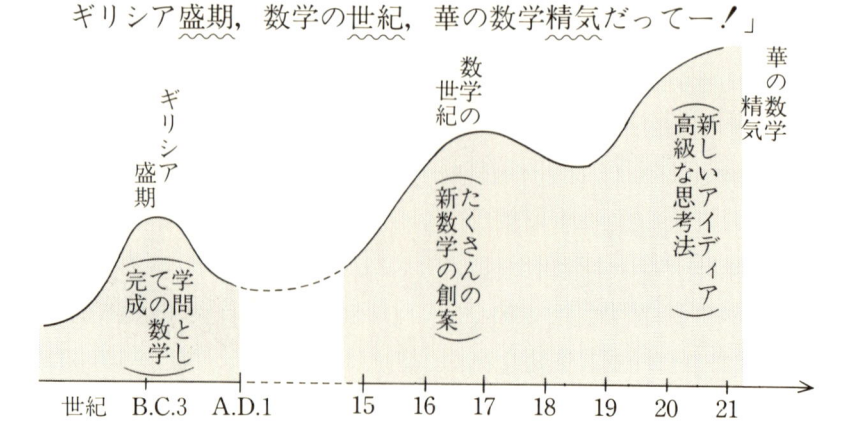

ギリシア盛期,数学の世紀,華の数学精気だってー*!*」

9 そしてヨーロッパへ

「マア,マア,気にしなさんな。息抜きだよ。」

「"数学の世紀"の起爆剤は,ルネサンスとかフィボナッチとか,コロンブスのアメリカ大陸発見とか,そんなものと関係あるんでしょう?」

「いいことに気づいたね。みな遠因になっているだろう。

お父さんは,1453年にイスタンブールがオスマントルコによって陥落し,東ローマ帝国が滅亡したときが,出発点になっていると考えているよ。」

「イスタンブールといえば,その前の名がコンスタンチノープル,さらにその前はビザンチンと呼ばれ,古くから"東西文化の接点"といわれたところですね。お父さん行くのでしょう。」

「インド旅行中,イスタンブール在住のゆかいな神父さんと大変親しくなって(右下の写真),"是非来てくれ"といわれてね。近く計画を立てて行くよ。(後日,この地に1週間滞在調査した)

この写真が,現在夢見ているイスタンブールだよ。

"東西文化の接点",良い響きがあるね。友里子の想像通り次の旅行はイスタンブール他,"数学の世紀"のヨーロッパ各都市の探訪だよ。」

▲イスタンブールの中心地と城塞 (後日の旅行写真)

「では，その予告編を聞かせてください。」

「チョット，昔の無声映画の弁士調でいくことにしようかね。

ときは1453年，三層の城壁をもち難攻不落の名をはせた。東ローマ帝国の首都コンスタンチノープルに向けて，オスマン・トルコの青銅製大砲が一斉に轟音を響かせた。トン，トトン，トン。」

「お父さん，それではまるで講談じゃないの。」

「サーシモノ城壁も次々と破壊され，やがてトルコ兵が城内になだれを打って攻め入った。アアーア，哀れ1000年続いた東ローマ帝国は，ここで滅亡してしまったのである，ということさ。」

「では，大砲がなかったら，守りきれたというわけですか？」

「トルコの大軍の攻撃だから，いずれは城壁も破られただろうが，大砲の破壊力はそれの何十，何百倍だろう。

それ以後，戦争の方式が一変したんだ。つまり，攻撃最大の武器は大砲という時代になった。」

「日本で織田信長が長篠の戦いで鉄砲隊を使って戦利を得て以来，鉄砲のいくさになったようなものですね。」

さて，大砲時代になると，効果的に用いるためにいろいろな工夫が必要になった。（下図から考えよ）

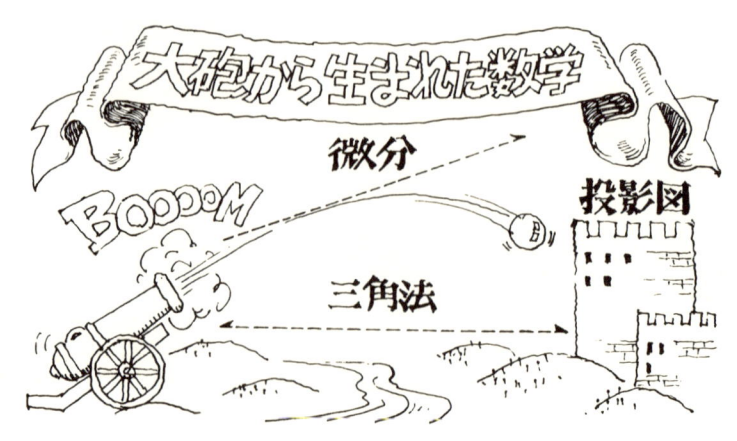

9 そしてヨーロッパへ

「フランスのナポレオンは砲兵将校出身だったそうですね。織田信長と同様に，先見の明があったのですね。」

「ナポレオンは数学好きな上に，数学の重要性をよく知っていたようだ。彼の時代に多くの数学者が出，新しい数学を創設している。

"数学の進歩と完成は，国家の繁栄と密接に結びついている"という有名な言葉も残しているよ。」

「何人か代表的な数学者とその業績を紹介してください。」

「17世紀ではデカルト，フェルマ，パスカル，デザルグ，18世紀に入ると，ラグランジュ，ラプラス，ルジアンドル（通称三つのL），ダランベール，19世紀にはモンジュ，ポンスレ，デュパン，カルノ，……すごいだろう。

彼らは大フランスの時代の数学者なので，大なり小なり戦争とかかわりがあるし，大砲に関する研究をしているね。

有名なのを1つ2つあげると，デカルトは三十年戦争に従軍し，ドイツのドナウ河畔で野営しているとき，『座標幾何学』のアイディアを得，ポンスレはナポレオンについてロシア遠征で捕虜になり，収容所の中で壁と暖房用消し炭とで『射影幾何学』の基礎を固めたという。

天才的な人は，こんな逆境でも研究が続けられるんだね。」

「スゴイナー。ところで，ぼくは幾何といえば，ユークリッドの『原論』をもとにしたものだけと思ったのに，いろいろな種類があるのですね。」

「中学，高校では『座標幾何』（昔は解析幾何といった），30年位前は『位相幾何』（トポロジー）の初歩を中3で指導されていた。

そうそう，投影図は中学で習ったろう。これは正しくは『画法幾何』というんだけれどね。

幾何学の発展と関連をまとめると，下のようになる。見てわかるように17世紀以降にグーンとふえているだろう。」

「幾何学の大もとは田畑の測定から始まっているけれど，透視図法は絵から，投影図法は地図から，位相幾何は一筆がきの遊びから，座標幾何は代数との協力から，そして非ユークリッ

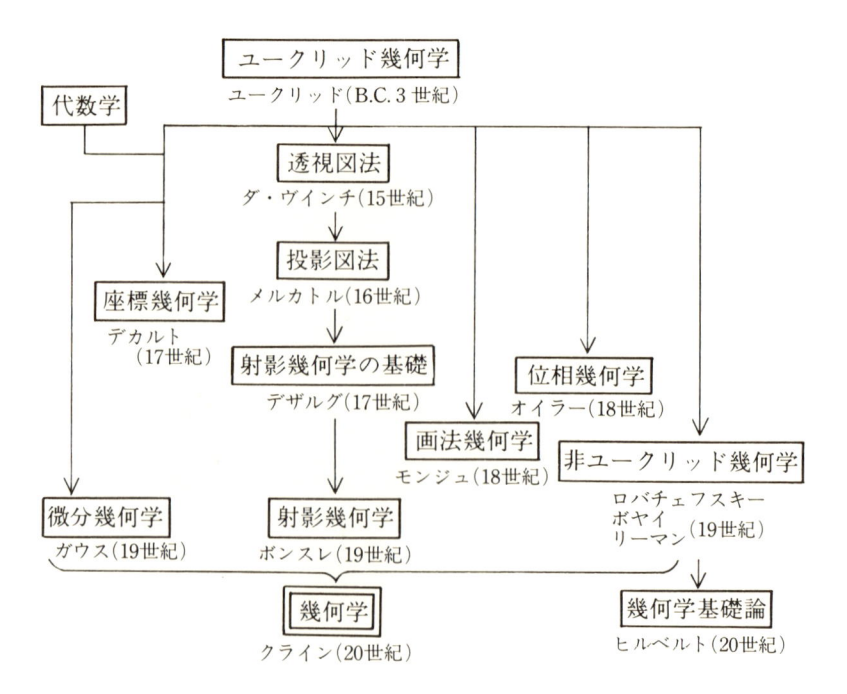

```
代数学                    ユークリッド幾何学
                         ユークリッド(B.C.3世紀)
                              ↓
                           透視図法
                         ダ・ヴィンチ(15世紀)
                              ↓
                           投影図法
         座標幾何学        メルカトル(16世紀)
         デカルト               ↓
         (17世紀)         射影幾何学の基礎       位相幾何学
                         デザルグ(17世紀)     オイラー(18世紀)
                              ↓
                           画法幾何学
                         モンジュ(18世紀)    非ユークリッド幾何学
                                            ロバチェフスキー
         微分幾何学         射影幾何学         ボヤイ (19世紀)
         ガウス(19世紀)    ポンスレ(19世紀)   リーマン
                              ↓
                            幾何学              幾何学基礎論
                         クライン(20世紀)    ヒルベルト(20世紀)
```

176

ド幾何は理論追求からといろいろですね。」

「これが数学のおもしろいところ，ふしぎなところ，といっていいだろう。逆に，"では数学とは何なのか"という問題になってくるが，これはあとで考えてみることにしよう。」

「"数学の世紀"というのはフランスが中心だったのですか？」

「いやいや，たまたま大砲の話が出たのでフランスが主になったが，イタリア，イギリス，ドイツ，さらにはオランダ，スイス，デンマークなど，新興ヨーロッパ諸国は，海外に向かって躍動する社会であると共に，文化面でも燃えていたんだね。以上の各国から種々の数学が誕生している。

一郎，知っているものをあげてごらん。」

「あまりよくわかりませんが，10以上ありますね。ぼくの知っているものだけで右のとおりです。」

「あたしの知らないものが多いわ。関数や統計・確率などは知っているけれど——。」

「これらは次の機会に，ていねいに誕生から簡単な内容について説明しよう。

それぞれみんな興味ある誕生をしているんだよ。たとえば，ロンドンの伝染病から"統計"が，酒屋のむすこケプラーはビヤダルの量を知ることから"積分"を，といったものなんかがあるんだ。」

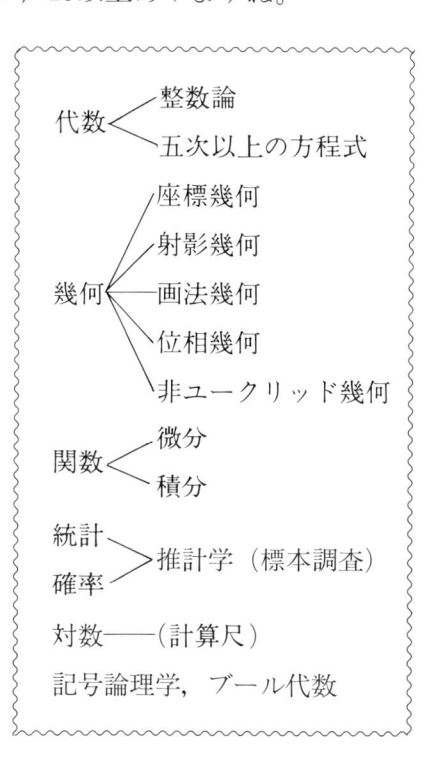

```
代数 ─┬─ 整数論
      └─ 五次以上の方程式

幾何 ─┬─ 座標幾何
      ├─ 射影幾何
      ├─ 画法幾何
      ├─ 位相幾何
      └─ 非ユークリッド幾何

関数 ─┬─ 微分
      └─ 積分

統計
確率 ──→ 推計学（標本調査）

対数 ── （計算尺）

記号論理学，ブール代数
```

4　数学とは何か？

「数学が，人間社会のいろいろな領域から生まれてくることはよくわかりましたが，なんだか，バラバラの学問のようですね。」

「見方によってはそうだね。ちょっと図にしてみると右のように"タコの足"という感じだよ。

お父さんはね，右の言葉で上のいろいろな数学を分類してみている。」

「避数学とは何ですか，"数学が避けている"という意味なの？」

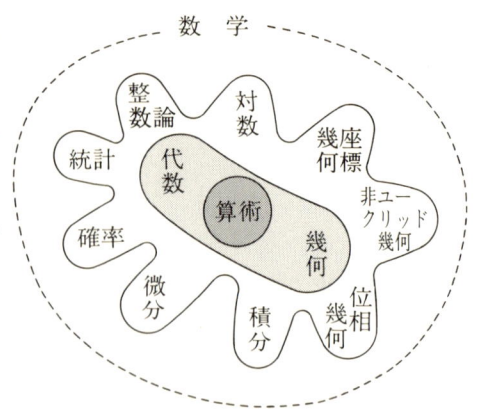

数学の分類

(1) 避数学 ｛ 動く数　——関数
　　　　　　変わる図形——位相幾何

(2) 反数学 ｛ 統計
　　　　　　確率

(3) 非数学　非ユークリッド幾何

(4) 不数学　人文科学の数学化

「アッ！　ぼくは意味がわかったよ。

紀元前4世紀頃，ギリシアにはソフィスト（詭弁学者）たちが，いろいろなパラドクスを人々や数学の世界に投げかけました。有名なのが，"アキレスと亀"などで有名な『ツェノンの逆説』（P.195参考）で，これらの難問のもとは，"動く"とか"変化""連続"とかということが原因だと考え，数学者たちは，この混迷をまねく"動く"ことを数学の研究対象からはずし，避けて通ることになったのです。だから，"動く数"や"変わる図形"は避数学というわけなんでしょう。」

「なかなか立派な推理だね。それでいいよ。動いたり，変形

9 そしてヨーロッパへ

するものというのは，実態をとらえにくいので，現代でも数学の中で難しいものの1つだよ。

では，友里子。反数学とは何かを考えてもらおうか。」

「反数学とは"数学に反する"ということでしょう。となると，数学とは何か，ということになるわね。

なんだか，話が循環論法になりそうだわ。

ふつう"数学"というと，きっちりとしたもの，答が1つのもの，あいまいさのないもの，厳密なもの，融通のきかないもの，冷酷なもの，……アラ，だんだん悪口になってきたワ。

まあ，いずれにしても確実，確定的なものを対象としている学問ですね。すると，反数学というのは，不確実，不確定なものの数学ということでしょう？

ああ，それで統計，確率が反数学ということになるのですか。ナールホド。」

友里子さんは自分で考えながら，自分で納得したようです。

あなたも意味がわかりますね。

「その通りで，昔(17世紀以前)はこれを数学の対象とはしなかったのさ。もちろん，ピラミッド建造のときなど素朴な統計はあったけれど，これは単なる"数の表"で，今日いうところの統計ではないね。」

「次は非数学を考えろ，というんでしょう。"数学に非ず"というのが数学というのも変なものですね。」

「数学の原典であるユークリッドの『原論』の公準の1つ，"平行線の公準"を否定したところが非数学と呼ばれたゆえんだね。

この説明をすると長くなるから，次の機会でくわしくとりあげることとしよう。」

友里子さんは，まだ不満な様子です。

「昔の数学のこと，避数学，反数学，非数学，不数学のことはそれぞれ一応わかったけれど，まだ，"数学とは何か"がわからないわ。」

「それは仕方がないだろう。数学者自身がこういっている。

"数学とは何か，に答えることはできないが，数学でないものは何か，に答えることができる"

と。将来には，現在からみて想像できないような数学も誕生するだろう。そういう意味では数学は"永遠の学問"だよ。」

〔参考〕数学への誤解，偏見は，教科書や受験数学の他，"数学"という用語が「数の学」という印象を与える点です。古代ギリシアでは $\mu\alpha\theta\eta\mu\alpha\tau\alpha$（マテマタ）（諸学問）と呼んだ。日本でもこれをもとにした『万手学』と呼ぶのがいいでしょう。

∫∫∫∫∫ できるかな？ ∫∫∫∫∫

『投影図』（画法幾何）は，大砲の被害を少なくする要塞建造の設計法として考案されたものです。

それ以前は大変複雑な計算によっていたので，モンジュの発見後，30年間も軍の秘密としてこれを公にすることが禁止されたといいます。

さて，上はある立体の投影図で，正面から見た図（立面図）も，真上から見た図（平面図）も長方形の形をしています。

このような立体の『見取図』を，下の図を参考にして3つかきなさい。

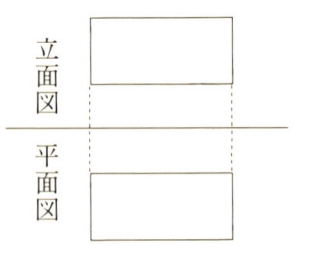

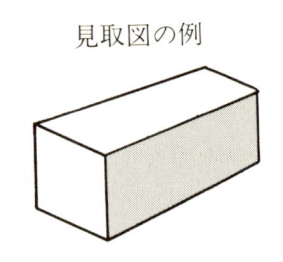

"できるかな？"などの解答

1　数学の中の美　(28, 29ページ)

（丸太コロの話）

2倍の60cm進む。丸太の1回転と，その上にのっている板の前進で2倍になる。（エスカレーター，動く歩道を考えよ）

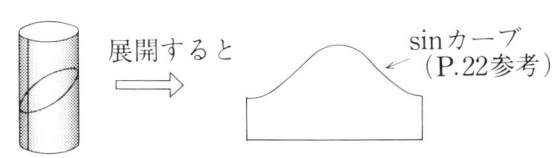

（側面の展開図）　展開すると　sinカーブ（P.22参考）

2　数の呼び名と"数"　(46ページ)

（カードの使い方）

いま相手が，「カードA，C，Eにある」といったら，各カードの左上の数（Aは1，Bは2，Cは4，Dは8，Eは16）の和

$1+4+16=21$

から「21を考えていたのでしょう」といって当てる。

$1=2^0$, $2=2^1$, $4=2^2$, $8=2^3$, $16=2^4$ と2進法の数。

（カードの作り方）

右の表のように，10進数それぞれ

10進数	2進数
1	1
2	1 0
3	1 1
4	1 0 0
5	1 0 1
6	1 1 0
7	1 1 1
8	1 0 0 0
9	1 0 0 1
10	1 0 1 0
11	1 0 1 1
12	1 1 0 0

カード… D C B A
位… $(2^3)(2^2)(2^1)(2^0)$

に対する2進数を作り，2^0 位が1のものを集めたのをAカード，2^1 位が1のものを集めたのをBカード，……として作ればよい．

3　0の発見　（60ページ）

（365の分解）

$71+72+73+74+75$

$90+91+92+93-1$

$53+63+73+83+93$

$(1+2+\cdots\cdots+30)-100$

$1+2+3+4+5\times(6-7+8\times9)$

$1\times(-2+3+4+5+6\times7\times8+9+10)$

$\underbrace{1^2+3^2+5^2+\cdots+9^2}_{\text{奇数}}+10^2\times2$

$\dfrac{1}{2}(10^2+11^2+12^2+13^2+14^2)$

$8^2+9^2+10^2+11^2-1$　　など

4　インドの数学者たち　（78ページ）

（$(-)\times(-)=(+)$ の説明方法）

いろいろあるが，その中の主なものを紹介しよう．

(1)　累減からの推理

$(-3)\times(+2)=(-6)$

$(-3)\times(+1)=(-3)$

$(-3)\times\ \ 0\ \ =0$

$(-3)\times(-1)=(+3)$

$(-3)\times(-2)=(+6)$

3ずつ ふえる

かける数を1ずつ減らすと答が3ずつふえていくので，左のように考えてよい．

(2)　矛盾をつく

$(-3)\times(+2)=(-6)$

$(+3)\times(-2)=(-6)$

である．いま $(-3)\times(-2)=(-6)$ とすると，上の2式と矛盾するので $(+6)$ ときめないと困る．

(3)　0の利用

$(-3) \times 0 = 0$ で，また $(+2)+(-2)=0$ だから

$(-3) \times \{(+2)+(-2)\} = 0$

分配法則によって

$(-3) \times (+2) + (-3) \times (-2) = 0$

$(-6) + \underline{(-3) \times (-2)} = 0$

この式が成り立つためには〜〜〜〜が $(+6)$ でないと困る。

よって $(-3) \times (-2) = (+6)$

(4) 1分間に3ℓの割合で容器に水を入れるとき，2分間では $(+3) \times (+2)$ という式でかける。

このとき，1分間に3ℓの割合で水を抜くときは (-3) ℓ，いまから2分前は (-2) 分ときめると，$(-3) \times (-2)$ という式の意味は，「水を抜きはじめて2分前の水の量」になりいまより6ℓ多いから，$(-3) \times (-2) = (+6)$ ということになる。

5 天文学と数学 （94, 95ページ）

（ブラフマーグプタの定理）

（証明） まず，△AEM で

∠AEM＝∠CEH （対頂角）

∠CEH＝∠EBC （直角三角形BCEより）参考1

∠EBC＝∠EAM （同じ弧CDの上に立つ円周角）参考2

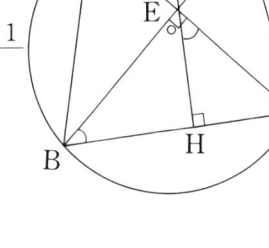

∴ ∠AEM＝∠EAM

これより△AEMは二等辺三角形

よって AM＝ME …………①

まったく同様の方法で DM＝ME ……②

①，②より　AM＝ME＝DM

ゆえに M は AD の中点

（参考１）　直角三角形の余角　　（参考２）　円周角の定理

下の図で，△ABC が直角三角形，AH が垂線のとき
∠B＋∠C＝90°　また，
∠HAC＋∠C＝90°（それぞれ余角）

これより ∠B＝∠HAC となる。

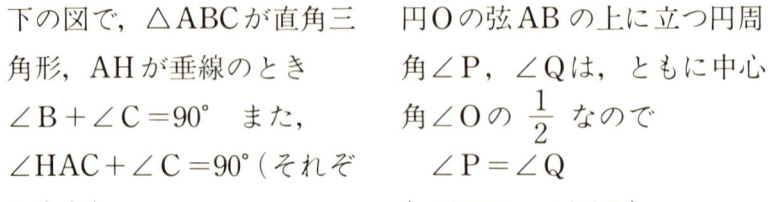

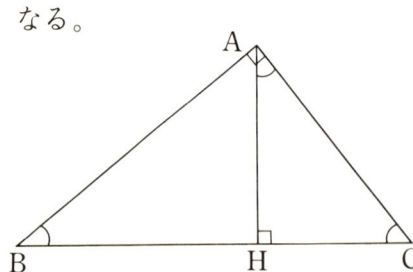

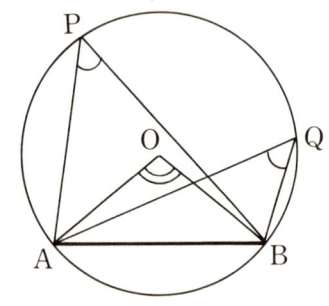

円 O の弦 AB の上に立つ円周角 ∠P，∠Q は，ともに中心角 ∠O の $\frac{1}{2}$ なので
∠P＝∠Q
（∠APB＝∠AQB）

（共通接線の作図）

まず，ヒントの証明から △PAO で，AO は直径だからターレスの定理（直径の上に立つ円周角は直角）によって

∠APO＝∠R

よって，半直線 AP は円 O の接線である。

(1) 共通内接線の作図

円 O の半径を r，O′の半径を r' とする。

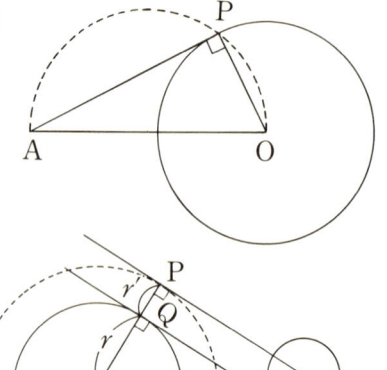

いま，Oを中心，半径が $(r+r')$ の円をかき，この円に点O′から接線O′Pを引く。(ヒントの方法によって作図する)

つぎにO，Pを結び円周との交点をQとする。QからPO′に平行線QAを引くと，QAは共通内接線となる。

（証明）QAが2円O，O′の共通接線であることをいえればよい。このことは，∠O′AQ＝∠R（直角）を証明すればいい。

四角形PQAO′で，

　　PO′∥QA（作図より）

　　∠P＝∠Q（円Oの接線）

　　また，PQ＝O′A（＝r'）

よってこの四角形は長方形。ゆえに ∠A＝∠R

よって直線QAは2円O，O′の共通内接線である。

(2)共通外接線の作図

考え方は(1)とまったく同様である。

(1)では半径 r と r' の和の円をかいたが，(2)では差の円をかく。

右の図のようにして，O′から半径 $(r-r')$ の円に接線を引き，あとは(1)と同様にして作図する。

（証明）(1)と同様なので省略。

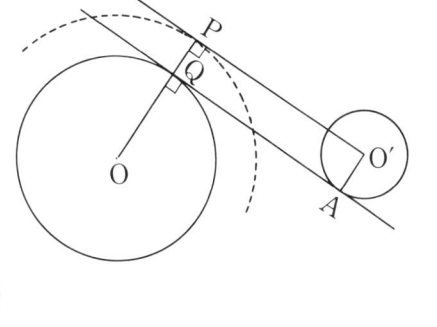

6 "インドの問題"という文章題 (115, 116, 117, 118ページ)

(比例配分の問題)

「1を加えた50」とは49のこと,「5だけ少ない90」とは85のことなので,3人の出資額の比は 49：68：85 である。

49＋68＋85＝202 から,順に配当額は

$$300 \times \frac{49}{202} = 72\frac{78}{101} \qquad 300 \times \frac{68}{202} = 100\frac{100}{101}$$

$$300 \times \frac{85}{202} = 126\frac{24}{101}$$

(三平方の定理)

直角三角形ABC(∠A＝∠R)では,

$$AB^2 + AC^2 = BC^2$$

が成り立つという定理で,最初にこれを証明したピタゴラスの名をとって,別名「ピタゴラスの定理」ともいう。

(証明) AからBCへ垂線AHを引く。右図から

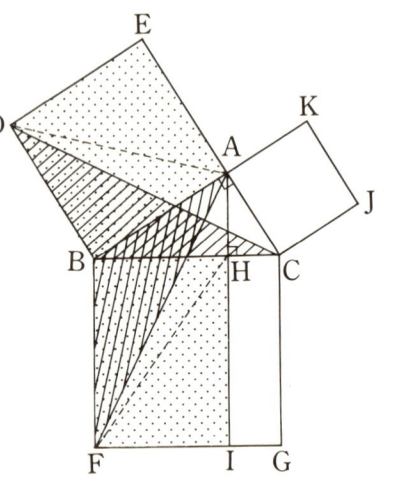

□AEDB＝□BFIH

正方形 AEDB＝2△ADB＝2△DBC (同底,等高)

長方形 BFIH ＝2△BFH＝2△ABF (同底,等高)

ところが

△DBC≡△ABF (2辺とその間の角)

よって

正方形AEDB＝長方形BFIH ………①

全く同様にして

正方形ACJK＝長方形HIGC ………②

①, ②より　□AEDB＋□ACJK＝□BFGC

つまり　　$AB^2+AC^2=BC^2$

(シヴァ神の問題)

はじめ小さな数で考えてみる。

手がA，B 2本で，ロープと鉤の2つとすると右のようになる。　$\begin{pmatrix} A-ロープ \\ B-鉤 \end{pmatrix}$

手がA，B，C 3本で，ロープ，鉤，蛇とすると，下のように急にふえる。　$\begin{pmatrix} A-鉤 \\ B-ロープ \end{pmatrix}$ 2通り

A	ロープ	ロープ	鉤	鉤	蛇	蛇
B	鉤	蛇	ロープ	蛇	ロープ	鉤
C	蛇	鉤	蛇	ロープ	鉤	ロープ

6通り

これは 2本のとき　2×1　通り —→ 2！

3本のとき　3×2×1 通り —→ 3！

〔注〕 記号！は階乗と読み，1からその数までの自然数の積を表す記号。

$n！＝n×(n-1)×……×3×2×1$

10本の手に10個の武器では10！になり，この総数は

3,628,800通り

次は10本の中から4本を選びそれぞれ4つの道具を持つのだから，まず，杖をもつ手は10種類，円盤は残りの9種類，蓮は8種類，法螺貝は7種類なので，

10×9×8×7＝5040　　5040通り

(問題1) ポテト

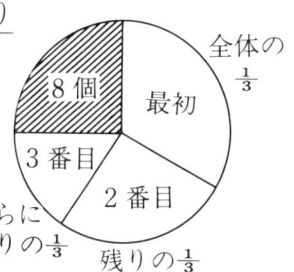

3番目の人の食べた残りは $\frac{2}{3}$ で，これが8個に相当するから

3番目の人が食べようとしたときは

8個÷$\frac{2}{3}$＝12個

これは 2 番目の人の食べた残り $\frac{2}{3}$ に相当するので

$$12 個 \div \frac{2}{3} = 18 個$$

同じように考えて，最初あったポテトの数は

$$18 個 \div \frac{2}{3} = 27 個 \qquad \underline{27 個}$$

（問題 2）王子とダイヤモンド

ダイヤモンドの総数を x 個とすると

第 1 王子は $\left(1 + \frac{x-1}{7}\right)$ 個，つまり $\underwave{\frac{x+6}{7}}$ 個 ………①

このときの残りは $x - \frac{x+6}{7} = \frac{6x-6}{7}$ 個

第 2 王子は $2 + \left(\frac{6x-6}{7} - 2\right) \times \frac{1}{7}$ 個，つまり $\underwave{\frac{6x+78}{49}}$ 個

第 1 王子と第 2 王子とのダイヤモンドの個数は等しいので

$$\frac{x+6}{7} = \frac{6x+78}{49}$$

この方程式を解いて

$$7(x+6) = 6x+78$$
$$7x+42 = 6x+78$$
$$x = 36$$

これを①に代入して

$$\frac{36+6}{7} = 6$$

答 $\begin{cases} ダイヤモンド\ 36 個 \\ 王子 \qquad\qquad 6 人 \end{cases}$

7　インドの計算と教科書（137, 139, 143ページ）

（Exercise 49）

(1)　$6 \times 31 = 186$ だから，○には「>」を入れる。

(2)　「185 から 5 の 3 倍を引くといくらか」だから，□には170。

(3)　「6×8 と 5×7 の差は何か」だから，□には13。

"できるかな?" などの解答

(4) 1107
(5) $36 \times \dfrac{1}{2} = 18$
(6) 「26の10倍と9の1倍をたす」ことなので,□には269。
(7) $(7 \times 2) + (9 \times 4) = 14 + 36 = 50$
(8) $130 - 12 = 118$
(9) 3890
(10) 「何個の50パイサのコインで3.50ルピーがつくれるか」だから,□は7。

(平方根)

　　日本式で書いてみます。(2桁ずつに区切ることが必要)

(1)
```
           1 4
   1  | 1|9 6
   1  | 1
  ─────────────
   24 |   9 6
    4 |   9 6
  ─────────────
              0      14
```

(2)
```
              7 5
   7  | 5 6|2 5
   7  | 4 9
  ─────────────
  145 |   7 2 5
    5 |   7 2 5
  ─────────────
              0      75
```

(3)
```
                2 0 4 1
     2  | 4|5 6|8 1
     2  | 4
  ────────────────
   404  |   1 6 5 6
     4  |   1 6 1 6
  ────────────────
  4081  |         4 0 8 1
     1  |         4 0 8 1
  ────────────────
                        0
```
2041

(4)
```
                1. 4 1 4 2
      1  | 2
      1  | 1
  ────────────────
     24  |   1 0 0
      4  |     9 6
  ────────────────
    281  |     4 0 0
      1  |     2 8 1
  ────────────────
   2824  |   1 1 9 0 0
      4  |   1 1 2 9 6
  ────────────────
  28282  |     6 0 4 0 0
      2  |     5 6 5 6 4
  ────────────────
                 3 8 3 6
```
1.4142

（ベン図）

(a) $(A \cup B) \cup C$　　(b) $(A \cap B) \cup C$

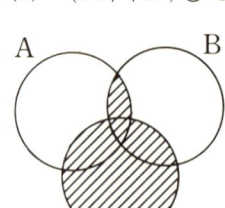

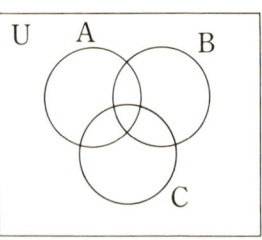

(c) $(A \cap B) \cap C$　　(d) $(A \cap C)'$

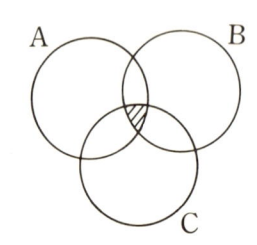

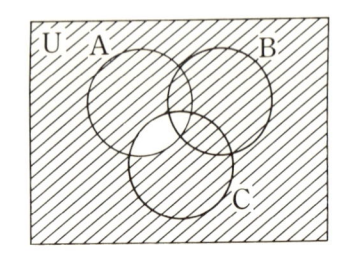

(e) $A' \cup C'$

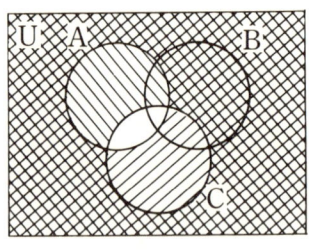

これは上の(d)と同じ，つまり
$(A \cap C)' = A' \cup C'$

（証明問題）

12.〔問題〕 右の図でBD＝CE，
　　∠ADB＝∠AECのとき
　　三角形ABCは二等辺三角形で
　　あることを証明せよ．
　（証明）△ADEで∠D，∠Eの
　　外角がそれぞれ等しいので
　　　∠ADE＝∠AED，よって，AD＝AE

これより，△ABD≡△ACE
（2辺とその間の角）
よって，AB＝AC

13.〔問題〕 隣の図から各三角形の等しい角を記号で示せ。

（解） 右の図のようになる。

（注意） 教科書では正三角形のようであるが，右のような形でもよく，一般には3辺PQ，QR，RPの長さは等しくない。つまり不等辺三角形である。

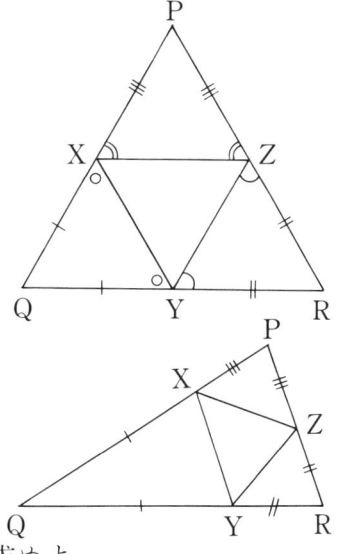

10.〔問題〕 右のおのおのでxを求めよ。

(i) 三平方の定理（P.186参考）により

$\left(\dfrac{x}{2}\right)^2 = 4.8^2 + 28.6^2$

$\dfrac{x^2}{4} = 23.04 + 817.96$

$\dfrac{x^2}{4} = 841, \quad x^2 = 3364$

$x = \pm 58$（負はとらない）

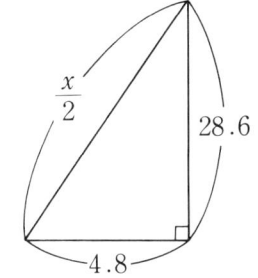

答　58cm

(ii) 三平方の定理により

$x^2 = 15^2 + 20^2$

$x^2 = 225 + 400$

$x^2 = 625$

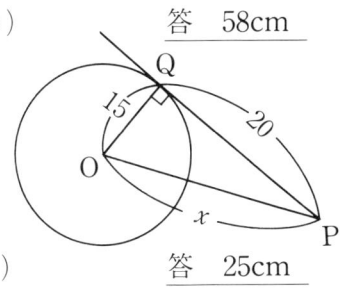

$x = \pm 25$（負はとらない）

答　25cm

（九去法の欠点）

　正しい答は16181で17081との差は900。答が9や9の倍数だけ違ったときは，九去法で誤りが発見できない。

8 アラビアへバトンタッチ（153, 156, 162ページ）

（二次方程式の公式の適用）

(1) $2x^2+5x-3=0$

公式で $a=2$, $b=5$, $c=-3$ とすると

$x = \dfrac{-5 \pm \sqrt{5^2 - 4 \cdot 2 \cdot (-3)}}{2 \cdot 2}$

$= \dfrac{-5 \pm \sqrt{25+24}}{4}$

$= \dfrac{-5 \pm \sqrt{49}}{4}$

$= \dfrac{-5 \pm 7}{4}$

これより

$x = \dfrac{-5+7}{4} = \dfrac{2}{4} = \dfrac{1}{2}$

$x = \dfrac{-5-7}{4} = \dfrac{-12}{4} = -3$

答　$x = \dfrac{1}{2}, \ -3$

(2) $4x^2-7x=0$

公式で $a=4$, $b=-7$, $c=0$ とすると

$x = \dfrac{-(-7) \pm \sqrt{(-7)^2 - 4 \cdot 4 \cdot 0}}{2 \cdot 4}$

$= \dfrac{7 \pm 7}{8}$

これより

$x = \dfrac{7+7}{8} = \dfrac{14}{8} = \dfrac{7}{4}$

$x = \dfrac{7-7}{8} = 0$

（別解）　$(4x-7)x = 0$

よって $4x-7=0$ より

$x = \dfrac{7}{4}$ また, $x = 0$

答　$x = \dfrac{7}{4}, \ 0$

(3) $5x^2-1=0$

公式で $a=5$, $b=0$, $c=-1$ とすると,

$x = \dfrac{-0 \pm \sqrt{0^2 - 4 \cdot 5 \cdot (-1)}}{2 \cdot 5}$

$= \dfrac{\pm \sqrt{20}}{10}$

$= \dfrac{\pm 2\sqrt{5}}{10}$

$= \pm \dfrac{\sqrt{5}}{5}$

(4) $3x^2+12x+4=0$

公式で $a=3$, $b=12$, $c=4$ とすると,

$x = \dfrac{-12 \pm \sqrt{(12)^2 - 4 \cdot 3 \cdot 4}}{2 \cdot 3}$

$= \dfrac{-12 \pm \sqrt{144-48}}{6}$

$= \dfrac{-12 \pm \sqrt{96}}{6}$

$= \dfrac{-12 \pm 4\sqrt{6}}{6}$

"できるかな？"などの解答

$$=\frac{-6\pm2\sqrt{6}}{3}$$

答　$\dfrac{-6\pm2\sqrt{6}}{3}$

（別解）　$5x^2=1$
$$x^2=\frac{1}{5}$$
$$x=\pm\sqrt{\frac{1}{5}}$$
$$=\pm\frac{\sqrt{5}}{5}$$

答　$\pm\dfrac{\sqrt{5}}{5}$

（級数公式）

$1+2+\cdots\cdots+n=\dfrac{n(n+1)}{2}$　であることから

$1^2+2^2+\cdots\cdots+n^2=\dfrac{2n+1}{3}\times\dfrac{n(n+1)}{2}=\dfrac{n(n+1)(2n+1)}{6}$

これが現在用いられている公式である。また，

$1^3+2^3+\cdots\cdots+n^3=\left\{\dfrac{n(n+1)}{2}\right\}^2$　でもある。

（いろいろな数）

(1)偶数　2で割り切れる数　　(2)奇数　2で割ると1余る数

(3)素数　1と自分以外に約数のない数

(4)三角数

下のように1を●で表すとき，正三角形になる数の集まり

(5)四角数

左と同じで正四角形（正方形）になる数の集まり

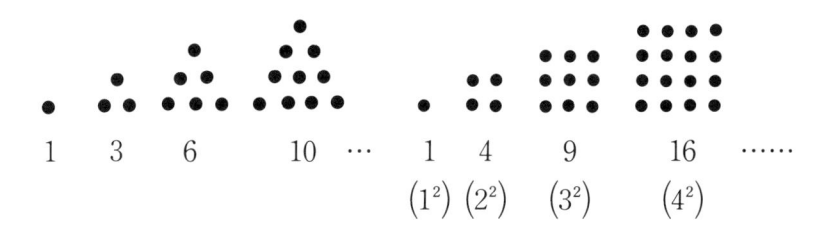

1　3　6　10　…　　　1　4　9　16　……

　　　　　　　　　　　　(1^2)　(2^2)　(3^2)　(4^2)

(6) 三角錐数

底面が正三角形の錐体

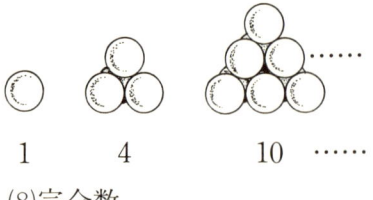

　　1　　　4　　　　10　……

(7) 四角錐数

底面が正四角形の錐体

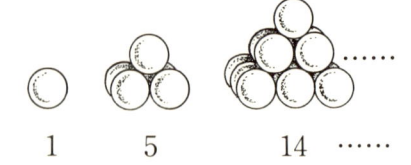

　　1　　　5　　　　14　……

(8) 完全数

　たとえば6の約数で、6を除いたものの和は

　　$1+2+3=6$

となる。このように自分を除いた約数の和がもとになる数をいう。

(9) 親和数

155ページの220と284のほかに

　$\begin{cases} 18416 \\ 17296 \end{cases}$

　$\begin{cases} 9437056 \\ 9363584 \end{cases}$　などがある。

(10) 過剰数

　豊数ともいい、ある数の約数の和(自分を除く)が、その数より大きい数をいう。たとえば、12ではその約数の和は

　　$1+2+3+4+6=16$　で

12＜16だから、12は過剰数

(11) 不足数

　輸数ともいい、ある数の約数の和(自分を除く)が、その数より小さい数をいう。たとえば、8ではその約数の和は

　　$1+2+4=7$　で

　8＞7 だから8は不足数

(12) ピタゴラス数

　3つの数 a, b, c が次の関係をもつ数のこと。

　　　　$a^2+b^2=c^2$　　　（a, b, c は正の整数）

一般に、$m, n (m>n)$ を正の整数とするとき

　　$m^2+n^2,\ 2mn,\ m^2-n^2$

から得られる。

"できるかな？" などの解答

右の表のように計算していくとピタゴラス数を無限に求めることができる。

別の公式もある。

(1) $2n,\ n^2-1,\ n^2+1$

(2) $n,\ \dfrac{n^2-1}{2},\ \dfrac{n^2+1}{2}$

（n は奇数）

(3) $l,\ \dfrac{l^2-m^2}{2m},\ \dfrac{l^2+m^2}{2m}$

式　　値	m^2+n^2	$2mn$	m^2-n^2
$m=2$ $n=1$	5	4	3
$m=3$ $n=1$	10	6	8
$m=3$ $n=2$	13	12	5
$m=4$ $n=1$	17	8	15

など

9　そしてヨーロッパへ　（178, 180ページ）

（ツェノンの逆説）

(1) アキレスと亀——足の遅い亀をアキレスが追い抜けない

(2) 二　分　法——目の前のドアまで歩いていけない

(3) 飛 矢 不 動——瞬間空中で止っている矢がなぜ動く

(4) 競　技　場——ある時間とその2倍の時間が等しい

以上の4つの内容（くわしくは『ピラミッドで数学しよう』P.90参考）。

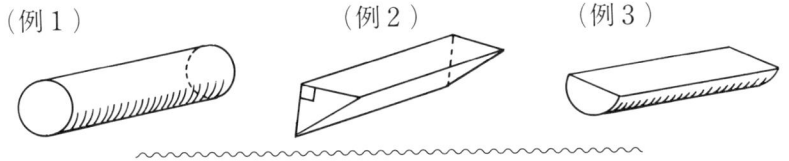

（見取図）

（例1）　　　　　　（例2）　　　　　　（例3）

前見返しの『インドの問題』（これは「タータリアの問題」ともいう）

2, 3, 4, 5, 6 の最小公倍数は 60 で、これで1余るから 61, 121, 181, ……この数の中で7でわり切れる最小のものは301。

答　301

三 角 比 表

角	sin（正弦）	cos（余弦）	tan（正接）	角	sin（正弦）	cos（余弦）	tan（正接）
0°	0.0000	1.0000	0.0000	45°	0.7071	0.7071	1.0000
1°	0.0175	0.9998	0.0175	46°	0.7193	0.6947	1.0355
2°	0.0349	0.9994	0.0349	47°	0.7314	0.6820	1.0724
3°	0.0523	0.9986	0.0524	48°	0.7431	0.6691	1.1106
4°	0.0698	0.9976	0.0699	49°	0.7547	0.6561	1.1504
5°	0.0872	0.9962	0.0875	50°	0.7660	0.6428	1.1918
6°	0.1045	0.9945	0.1051	51°	0.7771	0.6293	1.2349
7°	0.1219	0.9925	0.1228	52°	0.7880	0.6157	1.2799
8°	0.1392	0.9903	0.1405	53°	0.7986	0.6018	1.3270
9°	0.1564	0.9877	0.1584	54°	0.8090	0.5878	1.3764
10°	0.1736	0.9848	0.1763	55°	0.8192	0.5736	1.4281
11°	0.1908	0.9816	0.1944	56°	0.8290	0.5592	1.4826
12°	0.2079	0.9781	0.2126	57°	0.8387	0.5446	1.5399
13°	0.2250	0.9744	0.2309	58°	0.8480	0.5299	1.6003
14°	0.2419	0.9703	0.2493	59°	0.8572	0.5150	1.6643
15°	0.2588	0.9659	0.2679	60°	0.8660	0.5000	1.7321
16°	0.2756	0.9613	0.2867	61°	0.8746	0.4848	1.8040
17°	0.2924	0.9563	0.3057	62°	0.8829	0.4695	1.8807
18°	0.3090	0.9511	0.3249	63°	0.8910	0.4540	1.9626
19°	0.3256	0.9455	0.3443	64°	0.8988	0.4384	2.0503
20°	0.3420	0.9397	0.3640	65°	0.9063	0.4226	2.1445
21°	0.3584	0.9336	0.3839	66°	0.9135	0.4067	2.2460
22°	0.3746	0.9272	0.4040	67°	0.9205	0.3907	2.3559
23°	0.3907	0.9205	0.4245	68°	0.9272	0.3746	2.4751
24°	0.4067	0.9135	0.4452	69°	0.9336	0.3584	2.6051
25°	0.4226	0.9063	0.4663	70°	0.9397	0.3420	2.7475
26°	0.4384	0.8988	0.4877	71°	0.9455	0.3256	2.9042
27°	0.4540	0.8910	0.5095	72°	0.9511	0.3090	3.0777
28°	0.4695	0.8829	0.5317	73°	0.9563	0.2924	3.2709
29°	0.4848	0.8746	0.5543	74°	0.9613	0.2756	3.4874
30°	0.5000	0.8660	0.5774	75°	0.9659	0.2588	3.7321
31°	0.5150	0.8572	0.6009	76°	0.9703	0.2419	4.0108
32°	0.5299	0.8480	0.6249	77°	0.9744	0.2250	4.3315
33°	0.5446	0.8387	0.6494	78°	0.9781	0.2079	4.7046
34°	0.5592	0.8290	0.6745	79°	0.9816	0.1908	5.1446
35°	0.5736	0.8192	0.7002	80°	0.9848	0.1736	5.6713
36°	0.5878	0.8090	0.7265	81°	0.9877	0.1564	6.3138
37°	0.6018	0.7986	0.7536	82°	0.9903	0.1392	7.1154
38°	0.6157	0.7880	0.7813	83°	0.9925	0.1219	8.1443
39°	0.6293	0.7771	0.8098	84°	0.9945	0.1045	9.5144
40°	0.6428	0.7660	0.8391	85°	0.9962	0.0872	11.4301
41°	0.6561	0.7547	0.8693	86°	0.9976	0.0698	14.3007
42°	0.6691	0.7431	0.9004	87°	0.9986	0.0523	19.0811
43°	0.6820	0.7314	0.9325	88°	0.9994	0.0349	28.6363
44°	0.6947	0.7193	0.9657	89°	0.9998	0.0175	57.2900
45°	0.7071	0.7071	1.0000	90°	1.0000	0.0000	∞

著者紹介

仲田紀夫

1925年東京に生まれる。
東京高等師範学校数学科，東京教育大学教育学科卒業。(いずれも現在筑波大学)
 (元)　東京大学教育学部附属中学・高校教諭，東京大学・筑波大学・電気通信大学各講師。
 (前)　埼玉大学教育学部教授，埼玉大学附属中学校校長。
 (現)　『社会数学』学者，数学旅行作家として活躍。「日本数学教育学会」名誉会員。
「日本数学教育学会」会誌 (11年間)，学研「みどりのなかま」，JTB広報誌などに旅行記を連載。

NHK教育テレビ「中学生の数学」(25年間)，NHK総合テレビ「どんなもんだいQテレビ」(1年半)，「ひるのプレゼント」(1週間)，文化放送ラジオ「数学ジョッキー」(半年間)，NHK『ラジオ談話室』(5日間)，『ラジオ深夜便』「こころの時代」(2回) などに出演。1988年中国・北京で講演，2005年ギリシア・アテネの私立中学校で授業する。

主な著書：『おもしろい確率』(日本実業出版社)，『人間社会と数学』Ⅰ・Ⅱ (法政大学出版局)，正・続『数学物語』(NHK出版)，『数学トリック』『無限の不思議』『マンガおはなし数学史』『算数パズル「出しっこ問題」』(講談社)，『ひらめきパズル』上・下『数学ロマン紀行』1～3 (日科技連)，『数学のドレミファ』1～10『数学ミステリー』1～5『おもしろ社会数学』1～5『パズルで学ぶ21世紀の常識数学』1～3『授業で教えて欲しかった数学』1～5『ボケ防止と"知的能力向上"！ 数学快楽パズル』(黎明書房)，『数学ルーツ探訪シリーズ』全8巻 (東宛社)，『頭がやわらかくなる数学歳時記』『読むだけで頭がよくなる数のパズル』(三笠書房) 他。
上記の内，40冊余が韓国，中国，台湾，香港，フランスなどで翻訳。

趣味は剣道 (7段)，弓道 (2段)，草月流華道 (1級師範)，尺八道 (都山流・明暗流)，墨絵。

タージ・マハールで数学しよう―「0の発見」と「文章題」の国，インド―

2006年9月25日　初版発行

著　　者	仲　田　紀　夫	
発行者	武　馬　久仁裕	
印　　刷	株式会社　太洋社	
製　　本	株式会社　太洋社	

発　行　所　　株式会社　黎　明　書　房

〒460-0002 名古屋市中区丸の内3-6-27 EBSビル ☎052-962-3045
FAX052-951-9065　振替・00880-1-59001
〒101-0051 東京連絡所・千代田区神田神保町1-32-2
南部ビル302号　☎03-3268-3470

落丁本・乱丁本はお取替しします。　　　ISBN4-654-00933-7
©N.Nakada 2006, Printed in Japan

仲田紀夫著
授業で教えて欲しかった数学（全5巻）
学校で習わなかった面白くて役立つ数学を満載！

A5・168頁　1800円
① 恥ずかしくて聞けない数学64の疑問
疑問の64（無視）は，後悔のもと！　日ごろ大人も子どもも不思議に思いながら聞けないでいる数学上の疑問に道志洋数学博士が明快に答える。

A5・168頁　1800円
② パズルで磨く数学センス65の底力
65（無意）味な勉強は，もうやめよう！　天気予報，降水確率，選挙の出口調査，誤差，一筆描きなどを例に数学センスの働かせ方を楽しく語る65話。

A5・172頁　1800円
③ 思わず教えたくなる数学66の神秘
66（ムム）！おぬし数学ができるな！　「8が抜けたら一色になる12345679×9」「定木，コンパスで一次方程式を解く」など，神秘に満ちた数学の世界に案内。

A5・168頁　1800円
④ 意外に役立つ数学67の発見
もう「学ぶ67（ムナ）しさ」がなくなる！　数学を日常生活，社会生活に役立たせるための着眼点を，道志洋数学博士が伝授。意外に役立つ図形と証明の話／他

A5・167頁　1800円
⑤ 本当は学校で学びたかった数学68の発想
68ミ（無闇）にあわてず，ジックリ思索！　道志洋数学博士が，学校では学ぶことのない"柔軟な発想"の養成法を，数々の数学的な突飛な例を通して語る68話。

仲田紀夫著　　　　　　　　　　　　　　　　　A5・159頁　1800円
若い先生に伝える仲田紀夫の算数・数学授業術
60年間の"良い授業"追求史　一方的な"上手な説明授業"に終わらない，子どもが育つ真の授業の方法を，名授業や迷授業，珍教材の数々を交えて紹介。

表示価格は本体価格です。別途消費税がかかります。

仲田紀夫著　　　　　　　　　　　　　　　　　　　　Ａ５・196頁　2000円
ピラミッドで数学しよう
エジプト，ギリシアで図形を学ぶ　世界遺産で数学しよう！　ピラミッドの高さを測ったターレスの話などを交え，幾何学の素晴らしさを語る。新装・大判化。

仲田紀夫著　　　　　　　　　　　　　　　　　　　　Ａ５・200頁　2000円
ピサの斜塔で数学しよう
イタリア「計算」なんでも旅行　限りなく速く計算したいという人間の知恵と努力の跡を，イタリアの魅惑の諸都市を巡りながら楽しく探る。新装・大判化。

仲田紀夫著　　　　　　　　　　　　　　　　　　　　四六・196頁　1400円
万里の長城で数学しよう
方程式と魔方陣 etc. の国，中国　日本の数学のルーツを探る旅に出かけましょう。皇帝は９が好き！／黄河の魔方陣／万里の長城，故宮を建設した数学／他

仲田紀夫著　　　　　　　　　　　　　　　　　　　　四六・203頁　1400円
グリニッジ天文台で数学しよう
数学の世紀(1)イギリス・ドイツ編　近代数学の生い立ちを探る航海に出発しましょう。ロンドンの大火／グリニッジ天文台／整数は科学の女王／他

仲田紀夫著　　　　　　　　　　　　　　　　　　　　四六・197頁　1400円
エッフェル塔で数学しよう
数学の世紀(2)フランス編　旅をしていろいろな数学者に出会おう。エッフェル塔の美学／女流数学者の活躍／ナポレオンと数学／決闘前夜の数学論文／他

仲田紀夫著　　　　　　　　　　　　　　　　　　　　四六・195頁　1400円
イスタンブールで数学しよう
デジタル民族とアナログ民族　イラクから東西の数学の接点イスタンブールを探訪。クレセント（三日月）の旅／「数学は神が創った」／アラビアとその数学／他

仲田紀夫著　　　　　　　　　　　　　　　　　　　　四六・203頁　1400円
第２次世界大戦で数学しよう
戦争と数学の歴史　戦争から生まれ，現代社会で平和利用されている"数学"を学ぶ。第２次世界大戦とOR／企業戦線と数学／日常・社会生活の戦略数学／他

表示価格は本体価格です。別途消費税がかかります。

仲田紀夫著　　　　　　　　　　　　　　　　　　　Ａ５・130頁　1800円
ボケ防止と"知的能力向上"！　数学快楽パズル
サビついた脳細胞を活性化させるには数学エキスたっぷりのパズルが最高。「"ネズミ講"で儲ける法」「"くじ引き"有利は後か先か」など，48種のパズル。

仲田紀夫著　　　　　　　　　　　　　　　　　　　Ａ５・180頁　1950円
答えのない問題
円と直線の蜜月，古城の満月　イギリス，フランスの各地にあるミステリーを数学の視点で探訪。ミステリー・サークルとストーン・ヘンジ／他

仲田紀夫著　　　　　　　　　　　　　　　　　　　Ａ５・183頁　1950円
裏・表のない紙
帯と壺と橋とトポロジー　数学街道をたどり，メルヘンチックな数学であるトポロジーを紹介。メルヘン街道のメルヘン数学／"白鳥の湖"とロシアの数学／他

仲田紀夫著　　　　　　　　　　　　　　　　　　　Ａ５・182頁　1950円
神が創った"数学"
宗教と数学と　神の比例「黄金比」で建てられた神殿，サイクロイドでできた寺の屋根など，数学を学ぶといつしか神や宗教が見えてくる。奇跡と数学／他

仲田紀夫著　　　　　　　　　　　　　　　　　　　Ａ５・165頁　1800円
正論，邪論のかけ合い史
数学的視野からパズルを交え，正論，邪論について詳しく分析。相手に"ウン"と言わせる術／永劫懲りない「アブナイ商法」／「ツェノンの逆説」は邪論？／他

仲田紀夫著　　　　　　　　　　　　　　　　　　　Ａ５・152頁　1800円
道志洋博士のタイム・トラベル数学史
バーチャル・リアリティーの世界　計算・幾何・関数からC.G.まで，数学の基本となるものの誕生・発展の歴史を探訪。シルクロード往来の"計算"／他

仲田紀夫著　　　　　　　　　　　　　　　　　　　Ａ５・180頁　2000円
相似思考のすすめ
マネして何が悪い！　拡大・合同・縮小の思考法を使えば，創作力アップ。日常・社会生活の問題解決に役立つ思考法養成講座。童話の中の小人，巨人／他

表示価格は本体価格です。別途消費税がかかります。

数字の中の異端児 0 と 1

0	1
$a + 0 = 0 + a = a$ 加法のもと（単位元）	$a \times 1 = 1 \times a = a$ 乗法のもと（単位元）
$0 \times 0 = 0$	$1 \times 1 = 1$
$a^0 = 1$	$a^1 = a$
自然数から除く	素数から除く
正の数でも負の数でもない	素数でも合成数でもない
すべての整数の倍数	すべての整数の約数
小数点以下の 0 は消す $5.20 \Rightarrow 5.2$	$1x,\ a^1$ などの 1 は消す $x,\ a$
$\dfrac{x}{1!} - \dfrac{x^3}{3!} + \dfrac{x^5}{5!} - \dfrac{x^7}{7!} + \cdots\cdots = 0$ （テイラー展開）	$\sin^2 x + \cos^2 x = 1$ （三角比の公式）

オイラーの公式　$e^{ix} = \cos x + i \sin x$

で，$x = \pi$ とおくと

$$e^{i\pi} + 1 = 0 \quad \text{（有名な公式）}$$